高等职业教育智能建造类专业"十四五"系列教材
住房和城乡建设领域"十四五"智能建造技术培训教材

智慧建筑运维技术与应用

组织编写　江苏省建设教育协会
主　　编　张娅玲　孙　健
副主编　高　宇　钱丹丹　林　波
主　　审　鲍东杰

U0254351

中国建筑工业出版社

本系列教材编写委员会

出版说明

　　智能建造是通过计算机技术、网络技术、机械电子技术、建造技术与管理科学的交叉融合，促使建造及施工过程实现数字化设计、机器人主导或辅助施工的工程建造方式，其已成为建筑业发展的必然趋势和转型升级的重要抓手。在推动智能建造发展的进程中，首当其冲的，是培养一大批知识结构全、创新意识强、综合素质高的应用型、复合型、未来型人才。在这一人才队伍建设中，与普通高等教育一样，职业院校同样担负着义不容辞的责任和使命。

　　传统建筑产业转型升级的浪潮，驱动着土木建筑类职业院校教育教学内容、模式、方法、手段的不断改革。与智能建造专业教学相关的教材、教法的及时更新，刻不容缓地摆在了管理者、研究者以及教学工作者的面前。正是由于这样的需求，在政府部门指导下，以企业、院校为主体，行业协会全力组织，结合行业发展和人才培养的实际，编写了这一套教材，用于职业院校智能建造类专业学生的课程教学和实践指导。

　　本系列教材根据高职院校智能建造专业教学标准要求编写，其特点是，本着"理论够用、技能实用、学以致用"的原则，既体现了前沿性与时代性，及时将智能建造领域最新的国内外科技发展前沿成果引入课堂，保证课程教学的高质量，又从职业院校学生的实际学情和就业需求出发，以实际工程应用为方向，将基础知识教学与实践教学、课堂教学与实验室、实训基地实习交叉融合，以提高学生"学"的兴趣、"知"的广度、"做"的本领。通过这样的教学，让"智能建造"从概念到理论架构、再到知识体系，并转化为实际操作的技术技能，让学生走出课堂，就能尽快胜任工作。

　　为了使教材内容更贴近生产一线，符合智能建造企业生产实践，吸收建筑行业龙头企业、科研机构、高等院校和职业院校的专家、教师参与本系列教材的编写，教材集中了产、学、研、用等方面的智慧和努力。本系列教材根据智能建造全流程、全过程的内容安排各分册，分别为《智能建造概论》《数字一体化设计技术与应用》《建筑工业化智能生产技术与应用》《建筑机器人及智能装备技术与应用》《智能施工管理技术与应用》《智慧建筑运维技术与应用》。

　　本系列教材，可供职业院校开展智能建造相关专业课程教学使用，同时，还可作为智能建造行业专业技术人员培训教材。相信经过具体的教育教学实践，本系列教材将得到进一步充实、扩展，臻于完善。

江苏省建设教育协会

序　言

随着信息技术的普及，建筑业正在经历深刻的技术变革，智能建造是信息技术与工程建造融合形成的创新建造模式，覆盖工程立项、设计、生产、施工和运维各个阶段，通过信息技术的应用，实现数字驱动下工程立项策划、一体化设计、智能生产、智能施工、智慧运维的高效协同，进而保障工程安全、提高工程质量、改善施工环境、提升建造效率，实现建筑全生命期整体效益最优，是实现建筑业高质量发展的重要途径。

做好职业教育、培养满足工程建设需求的工程技术人员和操作技能人才是实现建筑业高质量发展的基本要求。2020年，住房和城乡建设部等13部门联合印发了《关于推动智能建造与建筑工业化协同发展的指导意见》，确定了推动智能建造的指导思想、基本原则、发展目标、重点任务和保障措施，明确提出了要鼓励企业和高等院校深化合作，大力培养智能建造领域的专业技术人员，为智能建造发展提供人才后备保障。

江苏省是我国的教育大省和建筑业大省，江苏建设教育协会专注于建设行业人才的探索、研究、开发及培养，是江苏省建设行业在人才队伍建设方面具有影响力的专业性社会组织。面对智能建造人才培养的要求，江苏建设教育协会组织江苏省建筑业相关企业、高职院校共同参与，多方协作，编写了本套高等职业教育智能建造类专业"十四五"系列教材，教材涵盖了智能建造概论、一体化设计、智能生产、智能建造、智能装备、智慧运维等领域，针对职业教育智能建造专业人才培养需求，兼顾行业岗位继续培训，以学生为主体、任务为驱动，做到理论与实践相融合。这套教材的许多基础数据和案例都来自实际工程项目，以智能建造运营管理平台为依托，以BIM数字一体化设计、部品部件工厂化生产、智能施工、建筑机器人和智能装备、建筑产业互联网、数字交付与运维为典型应用场景，构建了"一平台、六专项"的覆盖行业全产业链、服务建筑全生命周期、融合建设工程全专业领域的应用模式和建造体系。这些内容与企业智能建造相关岗位具有很好的契合度和适应性。本系列教材既可以作为职业教育教材，也可以作为企业智能建造继续教育教材，对培养高素质技术技能型智能建造人才具有重要现实意义。

中国工程院院士

前　言

党的二十大报告指出："教育、科技、人才是全面建设社会主义现代化国家的基础性、战略性支撑。"随着社会经济的发展，传统建筑业面临巨大挑战，建筑产业化升级改造迫在眉睫，创新突破智能建造核心技术，实现工程建设高效益、高质量、低消耗、低排放，增强建筑业可持续发展能力，是中国建造高质量发展的要求。

本书着眼于建筑全生命周期的使用阶段，利用大数据、云平台、物联网、人工智能等数字化技术，实现对建筑的智慧运维。本书本着理论够用、技能实用、学以致用的人才培养原则，注重内容精炼、重点突出，在讲解基本知识的基础上，强调实际操作能力的培养。本书通过真实案例开展理论和技术的讲解。

本书共分为5个模块，12个项目。模块1为智慧建筑运维概述，模块2为建筑设备系统运维，模块3为建筑安消系统运维，模块4为建筑能源系统运维，模块5为其他系统运维。为了方便教学和学习，本书以项目为载体，以任务为驱动，每个任务均包含任务引入、知识与技能、任务实施、学习小结，项目中均配有习题与思考，供学习者练习。

本书由江苏城乡建设职业学院张娅玲和中亿丰建设集团股份有限公司孙健担任主编，中国电子系统工程第二建设有限公司高宇、江苏省镇江技师学院钱丹丹、江苏省公共工程建设中心有限公司林波担任副主编，参加编写的人员还有：江苏城乡建设职业学院吴玫，中亿丰建设集团股份有限公司扶强、姚迎飞、谢可荔，江苏省公共工程建设中心有限公司张峰、朱烨璇。其中模块1由孙健、林波、扶强编写，模块2由张娅玲、朱烨璇、吴玫编写，模块3由钱丹丹、姚迎飞、张娅玲编写，模块4由高宇、张峰、孙健编写，模块5由吴玫、林波、谢可荔编写，全书由张娅玲统稿，河北科技工程职业技术大学鲍东杰担任本书主审。

本书编写过程中，得到江苏省建设教育协会、中亿丰建设集团股份有限公司及中国建筑工业出版社各位领导的指导与支持。中亿丰建设集团股份有限公司的专家对本书进行了全面的技术指导，并提供了大量真实工程案例，在此一并表示衷心感谢。

由于编写时间仓促，编者水平有限，书中难免有疏漏之处，敬请广大读者批评指正。

编　者

目　录

模块 3　建筑安消系统运维

模块 4　建筑能源系统运维

模块 5　其他系统运维

智慧建筑运维概述

智慧建筑运维系统认知

智慧建筑运维基本概念
智慧建筑运维相关技术

智慧建筑运维应用平台

智慧建筑运维应用平台的架构
智慧建筑运维应用平台管理范畴

项目 1.1　智慧建筑运维系统认知

教学目标

一、知识目标

1. 了解智慧建筑运维的定义、特点及相关标准；
2. 熟悉智慧建筑运维的相关技术。

二、能力目标

1. 能说出智慧建筑运维的特点；
2. 能说出智慧建筑运维的主要技术应用。

三、素养目标

1. 具有良好沟通能力，能有效地获得信息；
2. 树立民族自信，深入理解绿色运维的重要意义。

学习任务

了解智慧建筑运维的基本概念，熟悉智慧建筑运维的相关技术。

建议学时

2 学时

思维导图

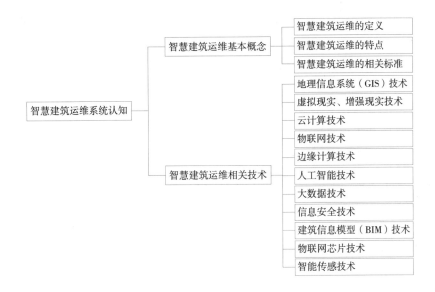

任务 1.1.1 智慧建筑运维基本概念

 任务引入

随着互联网时代的到来和人工智能技术的进步，建筑业也在遵循这一发展趋势，创建智慧建筑运营体系以促进产业升级，更好地服务客户，同时创造更大的效益。

智慧建筑运维管理是建筑在竣工验收完成并投入使用后，整合建筑内人员、设施及技术等关键资源，通过运营充分提高建筑的使用率，降低经营成本，提高投资收益，并通过维护尽可能延长建筑的使用周期而进行的综合管理。

 知识与技能

1. 智慧建筑运维的定义

智慧运维是一种通过人工智能算法从海量数据中自动学习分析并做出决策的运维方法。智慧建筑运维系统是基于"数字孪生"的概念，为目标建筑创建数字镜像，通过传感器实时复制运维过程中的实际情况，将物联网技术、无线传输技术、云服务等技术与原有运维业务融合，提供从源头到云端的一整套智慧建筑运维解决方案。智慧建筑运维系统的目标与优势如下：

（1）智慧建筑运维系统的目标

①预先：通过故障预测和异常检测等操作和维护应用程序，从被动响应到主动预防，改善运维目标健康状况。

②快速：通过智能分析、现场画像、精确检查等操作和维护应用程序，实现业务和网络故障的快速准确定位。

③准确：通过自动派单、诊断和恢复，减少人工干预，实现故障自动闭环。

（2）智慧建筑运维系统的优势

①提高效率：智慧运维系统运用可以显著提高建筑系统故障的调查速度，缩短问题分析时间，提高运营和维护效率。

②降低成本：一方面通过自动化管理，减少建筑管理成本。自动化巡检代替人工巡检，智慧照明、空调管理代替人工管理。另一方面通过智慧管理，达到节能降耗的目的，降低建筑运营成本。

③保证质量：通过各种智能操作和维护算法，实现自动异常检测和故障根本原因分析。提前发现建筑运行问题、解决问题，提升用户体验。

2. 智慧建筑运维的特点

建筑的智慧运维管理需要实现对建筑设备状态、维护保养、能源消耗等方面的智能化监测和管理。为建筑运维管理提供更加高效、精准、可持续的支持和服务，为建筑的可持续发展和智慧化升级奠定坚实的基础。

智慧建筑运维，运用先进科技将数字化、信息化等特性结合起来，整体提升建筑运维的管理水平。作为新兴产业，智慧建筑的运维有其自身的特点和挑战，主要体现在专业性、精细化、集约化、智能化、信息化和定制化。

（1）专业性：智慧建筑运维的建设，需要围绕设备设施运维管理体系，建立一套综合软硬件、人力、管理理念的生态系统，对企业的持续运维管理能力、运维管理技术等提出了很高的要求。

（2）精细化：智慧运维系统基于信息技术和业务标准化流程，以精细化控制为手段，使用科学的方法对客户业务流程进行分析和跟进，找到控制点并进行有效优化、重组和控制，以实现整体质量、成本、进度和服务的最佳管理目标。

（3）集约化：智慧运维致力于优化过程、空间规划、能源管理和其他服务。通过对资源和能源的集约利用以及对客户资源和能源的密集运营和管理，降低客户的运营成本、增加利润，最终实现提高客户营运能力的目标。

（4）智能化：充分利用高新技术，并依托高效的传输网络实现智慧运维和服务。智慧运维的具体表现形式有智能控制、智能办公、智能安全、智能能源管理、智能资产管理维护、智能信息服务等系统。将所有子系统集成到用于管理和控制的统一平台中，规划整个运维平台是关键。

（5）信息化：使用多样化的信息技术手段来实现业务运营的信息化，能确保管理和技术数据的分析和处理的准确性，从而做出科学的决策，同时降低成本、提高效率。

（6）定制化：每个公司都有不同的个性化智慧运维需求，具体取决于公司的业务流程、工作模式、业务目标、存在的问题和要求等。定制化为量身定制智慧运维方案，合理规划空间过程，提高资产价值，并最终实现业务目标。解决方案必须与公司需求紧密相关，而不同领域的运营和维护业务需求不尽相同，对每个行业的理解深度至关重要。

3. 智慧建筑运维的相关标准

（1）《建筑智能化系统运行维护技术规范》JGJ/T 417—2017

该规范适用于已经通过检验程序且满足质量要求的建筑智能系统，并用于各种类型的新建、扩建和改建项目，是提高楼宇智能的运营效率和管理质量的重要手段。

（2）《绿色建筑运行维护技术规范》JGJ/T 391—2016

为贯彻国家技术和经济政策，低碳节能，保护环境，规范绿色建筑的运营和维护，节约土地和用水，节约材料和保护环境，保证可持续发展的效果，制定此规范。该规范首次提出了绿色建筑综合效能调适体系，依托低 / 无成本运维管理技术，协助建筑系统实现各种负载条件下不同用户的实际使用需求，制定建筑运营和维护的关键技术和实施策略，构建绿色建筑运营管理评估指标体系，实现绿色建筑设计和优化运行的目标。

该规范的实施将进一步促进中国绿色建筑的健康发展，有效提高绿色建筑的运营和管理水平，促进中国城镇化进程的可持续发展。

（3）《建筑设备监控系统工程技术规范》JGJ/T 334—2014

为确保建筑设备监控系统工程在设计、施工、调试、检测、验收和运维过程中的安全性、可靠性、经济适用性，并同时提高公众健康和促进建筑节能减排，住房和城乡建设部组织编写了该规范，为民用建筑设备监控系统工程的新建、扩建和改建项目提供了参考依据。

 任务实施

深入了解智慧建筑运维的基本概念，是进行科学运维的基础。请你通过知识学习、文献查阅以及各类形式的调研，总结归纳智慧建筑的运维特点、智慧建筑运维总体框架内容。

 学习小结

随着更多复杂大型建筑的出现，智慧运维已经成为必要的选择。本任务主要介绍了智慧建筑运维的定义，智慧建筑运维的特点，以及智慧建筑运维的相关标准。

（1）智慧建筑运维系统的目标体现在预先、快速、准确；其优势是提高效率、降低成本、保证质量。

（2）智慧建筑运维的特点主要体现在专业性、精细化、集约化、智能化、信息化和定制化等方面。

（3）智慧建筑运维的相关标准有很多，例如《建筑智能化系统运行维护技术规范》《绿色建筑运行维护技术规范》《建筑设备监控系统工程技术规范》等，这些规范为智慧建筑运维提供了依据，有利于提升我国智慧建筑运维的水平。

任务 1.1.2　智慧建筑运维相关技术

任务引入

智慧建筑的运营和维护体系正在逐渐改变传统的建筑管理和服务模式。在技术系统的支持下执行数字化、可视化和标准化，并围绕这些特征集成先进的技术和技术手段，以改善智能建筑运营和维护的服务特征以及管理能效。尤其是通过 GIS、BIM、VR 和 IoT 的创新和研发，用户可以真正享受到智慧的便利和效率。

知识与技能

1. 地理信息系统（GIS）技术

地理信息系统（GIS）技术，是一门新兴的空间信息分析技术，它主要用于空间资源的应用中，用于管理分配带有空间属性的各类空间资源和环境信息，快速分析测试空间资源的管理和实践模式并多次重复，以制定最终决策，做出标准的评价。另外，GIS 技术在时间上有纵向的对比功能，可对空间资源的状况及其生产活动进行监测和对比，为空间资源的管理提供一定的技术帮助。

从建筑内部应用来看，GIS 技术可结合 BIM 技术构建室内导航系统，实现人员在建筑内外对自身位置信息的掌握；结合 BIM 技术和新型楼宇控制技术构建安全系统，统筹应对各种安全事故以保障人员安全；结合物联网技术、人工智能技术、BIM 技术和机器人技术构建资源管理系统，做到资源物尽其用、调度精确无误。

从建筑外部应用来看，GIS 技术可结合 BIM 技术、云计算技术和大数据技术构建建筑与环境信息模型，实现建筑和环境的统筹规划，做到建筑职能的充分利用和不同建筑、不同系统间冲突的预先避免；结合 BIM 技术和物联网技术构建智慧建筑运维场景，将人员、资源和环境协调管理，实现绿色、高效的智慧运维；结合大数据技术和物联网技术构建环境系统，实时测控相关环境信息，以应对环境污染和自然灾害等建筑外部状况；结合物联网技术、BIM 技术和区块链技术构建建筑电子信息档案，记录建筑运维过程中的全方位信息，以保障建筑运维信息不被篡改、安全责任严格落实。

2. 虚拟现实、增强现实技术

虚拟现实（VR）技术，是一项集合了计算机图形学、传感技术及人工智能等的 3D 人机交互技术。它具有超强的仿真系统，融合多种感知信息来源，使用户在操作过程中，可以得到环境最真实的反馈，能够沉浸在环境中，有更加真实的感知体验。该技术的特点在于交互性强，多感知性，全景浸入。

增强现实（AR）技术，是一项包含了三维建模、多传感器融合、实时跟踪及定位、场景融合等的新兴技术，能够实时计算影像的位置及角度并加上相应图像，是一种将真实世界信息和虚拟世界信息"无缝"集成的技术。该技术的特点是能够将虚拟的信息应用到真实世界，从而达到超越现实的感官体验。

AR、VR 技术使用户在建筑物运维阶段有身临其境的体验。AR、VR 技术能够将建筑信息自然而直观地呈现给用户，以此实现人、服务和建筑的智慧化。AR、VR 技术可以贯穿智能建筑和基础设施的规划、建造和运营阶段。

3. 云计算技术

云计算技术是一种利用网络进行按需动态分配公共资源池（如存储器、服务器、计算设施等）的计算模式，主要为用户提供基于虚拟化技术的按需服务，主要包括基础设施服务、平台服务和软件服务。云计算技术的关键技术有虚拟化技术、数据存储技术、数据管理技术、编程模型和云安全技术。

在智慧建筑运维中，每个设备、网络采集的信息量都十分巨大，而随着智慧建筑的不断进步，传感器、数据采集设备会进一步增多，数据量进一步加大且需要加工处理。普通的计算方式很难处理，所以，需要通过云计算技术将采集的数据及处理程序放到云端进行加工处理，管理员可以随时随地使用各种网络设备来访问云端的服务，大大提高处理速度。

云计算技术带来的充足的计算服务资源，使得智慧建筑有着更大的发展空间，使得智慧建筑更加的信息化、可视化、人工化以及便利化。企业可以不断在云空间中添加各种信息处理检测模块，来处理采集到的信息，满足用户的各种需求，方便又相对节省资源。

4. 物联网技术

物联网是指通过信息设备，按约定的协议将物体与网络相连接。物体通过信息传播媒介进行信息交换和通信，以实现智能化识别、定位、跟踪、监管等功能。万物互联，把所有物品通过信息设备与互联网连接起来，进行信息交换，即物物相息，以实现智能化识别和管理。

智慧建筑运维平台采用物联网技术和智能传感器，连接、采集各类机电和环境数据，对建筑的环境、设备和未来建筑态势进行预测和感知，为智慧运维平台的决策，构建基础的建筑物联网平台。

5. 边缘计算技术

随着物联网技术不断发展完善和大量基础设施接入，智慧建筑中需要处理海量数据。这使得云计算平台面临着带宽不够以及能耗过高等挑战，于是，边缘计算技术越来越被人们所重视。

边缘计算是一种分布式的开放平台，大多数在接近物或者数据源头的边缘地带。边缘计算技术可以跟云计算形成互补，有效解决智慧建筑运维中存在的问题。边缘计算无需把数据上传到云中心，而是将原有云计算数据中心运行的部分计算任务转移到靠近建筑中各设备的边缘侧进行处理，从而降低云计算数据中心的计算负载，减轻网络传输负荷，降低设备系统的响应延迟，保证数据传输的安全性，从而更好地满足智慧建筑行业在快速连接、实时业务分析、现场数据优化和安全与隐私保护等方面的关键需求。云计算与边缘计算的协同合作，可以更好地实现智慧建筑运维中各个系统的各项功能，提升建筑运维的智慧化水平。边缘计算的功能见图1-1。

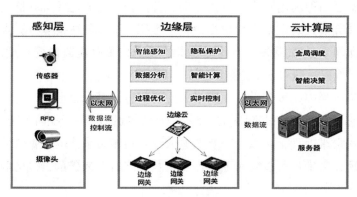

图1-1　边缘计算的功能

6. 人工智能技术

人工智能技术指通过计算机程序来实现人类智能的技术，人工智能技术赋予计算机以人类的思考和处理事务甚至学习的能力，帮助人类完成原本只能由人的智力胜任的工作。

人工智能技术带给智慧建筑以人的温暖。以智慧建筑中的大厅温度为例，人工智能可以根据人员着装、人流密度等进行温度处理调整，带给人群更舒适的体验。由此向更广更深的方向扩展，灯光、停车场车位、人群行进方向等，通过人工智能的处理都将变得更加舒适协调。更进一步，语音播报、视频展示等在人工智能的指令下都会变得更加贴切，更加符合人群所需。甚至有了人工智能的帮助，智慧建筑中大量存在的服务机器人也会给人提供更周到、更人性化的服务，超出机器本身的温暖。人工智能将洋溢在整个智慧建筑中，展现出蓬勃的生命力，使得人与建筑之间的距离更近。

智能机器人在智慧建筑运维平台的帮助下，甚至可以代替原本的智能楼宇师的工作，帮助智慧建筑系统完成系统的检测、修理以及调试，大大降低智慧建筑的维护修理成本。

7. 大数据技术

大数据技术，是指涵盖各类大数据平台、大数据分析、大数据管理体系等的大数据应用技术。大数据技术的意义不仅在于掌握庞大的数据信息，更在于对这些含有信息的海量数据进行专业化处理。换而言之，大数据技术在于提高对大量数据的"加工能力"，通过"加工"实现数据的"增值"。在智慧建筑的应用管理中，不同工作系统会收集、储存大量不同种类的数据，运用大数据技术专业化处理这些海量的信息，能有效提高智慧建筑的智能化水平。

大数据技术提供面向建筑对象的数字模型构建方法，利用或构建 BIM 智慧建筑和设备的数字模型，构建可视化数据模型，对采集的时序、流式、关系型等多元数据进行清洗、重组和标准化处理，优化数据的层级关系，提升数据流通效率，为业主、工作人员提供多维度、多视角的数据服务；大数据技术提供智慧建筑业务对象化数据建模服务，支持复杂分析流程的构建，提供从设备运维、经营管理、节能降耗、视频图像、文本等大量数据中挖掘出隐含的、先前未知的、对业务和工作人员具有潜在价值的关系、模式和趋势的业务能力，从而实现智慧建筑科学运营管理，促进业务升级。

8. 信息安全技术

信息安全技术是指采取措施使信息系统的软硬件数据资源等不被意外因素或恶意行为修改、破坏或泄露，保证信息系统的正常运行，实现对信息的机密性、完整性、可用性的维护。信息安全技术主要包括身份认证技术、访问控制技术、防火墙技术、入侵检测技术及数字签名技术等。

信息安全技术不仅可以保护信息的私密性，也可以有效保护信息的正确性以及可用性，大大提高智慧建筑的安全及舒适程度。

9. 建筑信息模型（BIM）技术

建筑信息模型（BIM）技术是应用于建筑全生命周期的，利用计算机图学、计算机辅助设计和虚拟现实等技术构建三维数据模型的一种数据化技术。

BIM 技术具有信息可视性、共享协调性、仿真模拟性和动态优化性等特点。信息可视性表现为在规划设计、建造施工和运行维护的全过程中建筑的全部空间和属性信息被精确地测量和高效地整合，以实现信息交互的可视性；共享协调性表现为业主、设计单位和施工单位不同角色之间，建筑子系统的不同专业之间都可利用统一数据标准的共享建筑模型信息进行沟通，以实现高效地协调合作；仿真模拟性表现为将建筑三维信息、工程时间和工程造价等多维因素结合建模，进行施工模拟、安全模拟和节能模拟，以准确快速响应实际突发状况；动态优化性则表现为对复杂动态信息精确感知并利用科学的算法和强大的设备进行处理，以此实现系统的动态控制和优化。

传统建筑运维由于数字化低下，建筑运维的投入高而回报低，更是难以应对高精度、大规模和快响应的复杂建筑运维要求。应用 BIM 技术构建的数字化建筑信息模型，将建筑有机地串联起来，实现开发商、施工单位、产品供应商、运维单位和用户在设计、施工和运营的建筑全生命周期中进行智慧地合作和责任分担。

10. 物联网芯片技术

物联网芯片是指在物联网系统中用于与物体进行连接、数据传输、数据处理等功能的集成电路芯片。物联网芯片是实现物联网系统运行的关键，通过与物体连接，实现自动采集、传输和分析数据，实现物体之间的互联互通。物联网芯片技术可以将建筑电器设备、空调设备、安防设备等连接到互联网上，实现智能化控制和远程监控。

物联网芯片作为物联网系统的核心组成部分，具有高度集成、低功耗、高安全性和多通信协议支持等特点，可完全应用于智慧建筑运维平台的设备中，成为智慧建筑运维的关键技术。

11. 智能传感技术

智能传感技术是智慧建筑、智能制造、国防军工、物联网、大数据、智能汽车等新兴产业的核心关键技术之一。传感器可以狭义的定义为：能把外界非电信息转换成电信号输出的器件。传感器可以根据其所响应的外界信号的种类分为不同的类型：位移敏、力敏、热敏、光敏、磁敏、声敏、射线敏、气敏、湿敏以及物质敏等。无论何种类型的传感器，作为测量与控制系统的首要环节，通常都必须满足：（1）足够的量程，具有一定的过载能力；（2）灵敏度高，精度适当；（3）响应速度快；（4）可靠性好，不易受到外界干扰；（5）成本低，寿命长。

集成了通信技术、嵌入式计算技术的智能传感器的出现，极大地推动了智能建筑的发展。智能传感器组成的网络具备分布式信息处理能力，能够实时地感知、监测和采集环境的信息，通过网络或自身对信息进行处理并反馈给更高层次的数据处理中心。传感器在智慧建筑运维的应用包括：空气质量、照明采光、温度湿度、声音环境、火灾预警、水供应、燃气安全以及建筑老化等方面的监测。

 任务实施

智慧建筑的运营和维护离不开众多技术的综合应用，请你通过知识学习、文献查阅以及各类形式的调研，总结归纳智慧建筑运维用到的先进技术。

学习小结

随着人工智能的发展，越来越多的智能机器人不断涌现，人工智能给人类生活带来了巨大的的影响。本任务主要介绍了智慧建筑运维相关的数字化、智能化先进技术。

知识拓展

码 1-1　智慧建筑运维系统概述　　码 1-2　传统管理平台与智慧运维平台

习题与思考

1. 单选题

（1）建筑运维管理的对象包括建筑、家具、设备等"硬件"和人、环境、安全等"软件"，下列内容中属于其范畴的是（　　）。

A. 空间管理、设备管理、安防管理、能耗管理、数据管理

B. 空间管理、设备管理、安防管理、能源管理、数据管理

C. 空间管理、器械管理、安防管理、能耗管理、数据管理

D. 空间管理、器械管理、消防管理、能源管理、数据管理

（2）虚拟现实技术的特点是（　　）。

A. 体验感强、沉浸式、真实体验　　　B. 多感知性、沉浸式、交互性强

C. 交互性强、多感知性、全景浸入　　D. 体验感强、沉浸式、全景浸入

2. 填空题

（1）智慧建筑运维的特点主要体现在_____、_____、_____、_____、信息化和定制化。

（2）虚拟现实技术，也叫_____技术，可以使用户得到环境最真实的反馈。

（3）增强现实技术，也叫_____技术，是一种将真实世界信息和虚拟世界信息"无缝"集成的技术，可以达到超越现实的感官体验。

（4）将计算任务转移到靠近建筑中各设备的边缘侧进行处理的技术是_____。

3. 简答题

（1）智慧建筑运维总体框架设计原则有哪些？

（2）信息安全技术主要包括哪些？

码 1-3　项目 1.1 习题与思考参考答案

项目 1.2 智慧建筑运维应用平台

教学目标

一、知识目标

1. 了解智慧建筑运维平台的结构层次与特点；
2. 熟悉智慧建筑运维应用系统的分类与平台的组成。

二、能力目标

1. 会说出智慧建筑运维平台的架构；
2. 能判断智慧建筑运维平台的管理范畴。

三、素养目标

1. 能正确表达自己的思想，具备分析和解决问题的能力；
2. 树立以人为本，节能降耗、安全运行的思想。

学习任务

了解智慧建筑运维应用平台的功能与结构层次，熟悉应用系统的分类与组成。

建议学时

2 学时

思维导图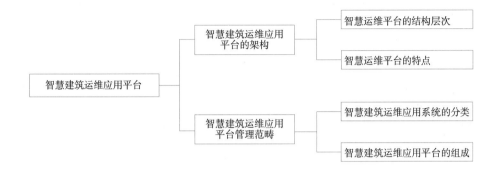

任务 1.2.1　智慧建筑运维应用平台的架构

 任务引入

　　智慧建筑运维平台是实现建筑智慧运维管理的核心，通过物联网、大数据、人工智能等技术手段，实现对建筑设备状态、维护保养、能源消耗等方面的实时监测、分析和预测，从而实现智能化管理，智慧运维平台可以提供设备管理、维修保养、异常告警、能耗分析等功能，为运维管理提供全面的支持和服务。

　　智慧运维平台通过先进的云计算、大数据、BIM 可视化等技术为整个建筑智慧管理系统构造一个集成监控、管理和治理的服务平台，实现各智慧管理子系统的运行监控和智能运维决策服务，并通过规范化工单处理流程实现过程跟踪，提升智能系统的运行效率和运维效率。

 知识与技能

1. 智慧运维平台的结构层次

　　智慧建筑运维平台分为采集层、数据层、服务层、应用层、展示层五个结构层次。平台架构见图 1-2。

　　（1）采集层

　　采集层全面采集物联网设备、智能化系统、信息系统，上传至服务器数据中心进行存储。数据分为实时数据和历史数据两大类，分别通过实时接收、消息队列、离线采集 ETL 等不同方式进行采集传输，实现实时数据采集分析、历史数据融合分析，以保障数据处理分析的及时性和有效性。

展示层	PC端(Web)	大屏	UE	GIS	VR	BIM	移动平台	...
	图表		表单		打印		扫码	
	Chrome/IE浏览器内核		小程序		钉钉		企业微信	
	HTML5	JavaScript		CSS3		图表框架		前端框架

应用层	功能点	智慧测温		一卡通		出入口控制		信息发布	
		智慧环境	智慧楼宇控制		智慧停车		综合安防		智慧办公
		智能照明	访客管理		广播系统	权限管理		智慧空间管理	智慧节能
	业务实现	运行监控	设备档案管理		能源管理		能耗管理		工单系统
		资产管理	数据报表		巡检管理		设备维保		备品备件
		报警中心	策略中心		报修中心		运行中心		...

服务层	文件访问接口		业务接口		网关接入接口	数据访问		远程过程调用	其他接口
	业务规则引擎	计算引擎	数据报表引擎	工作流引擎	BIM引擎	GIS引擎		组态引擎	任务引擎	...
	消息队列	视频组件	算法组件	推送组件	用户安全	导入导出	数据分析	系统日志	...

数据层	元数据信息		物联网监测信息库	视频信息库	BIM模型库	资料库	业务信息库	指标关联库	
	数据接入	数据抽取	数据校正	数据编码	聚类分析	数据索引	调度监控		...
	PostgreSQL		mongoDB		InfluxDB		...		

采集层	转发端	BACnet IP	BACnet MSTP	Modbus TCP	Modbus RTU	OPC UA	MQTT	Web Service
	中间存储	Mysql	Varnish	Ngnix	Squid	Memcache	Redis	Ehcache	...
	支持协议	BACnet	Modbus	SNMP	IEC104	Mbus	DLT645	OPC	KNX	...
	网站录入	移动APP录入	物联网设备采集	监控摄像	无人机航拍	BIM模型抽取	网关	集成接口	三方接口

图1-2　智慧运维平台架构

（2）数据层

数据层对数据进行分类、清洗、重构以及建模，目的在于发现异常信息，得出建设性的结论，辅助决策制定。平台将数据分为静态基础数据和实时监控数据两大类，静态数据包括空间地理数据、设备档案信息、历史运维信息、业务数据等；实时监控数据包括视频监控数据、设备运行数据、环境数据以及能耗数据等，这些数据实时产生、实时分析，是智能预警的主要判断依据。数据分析流程见图1-3。

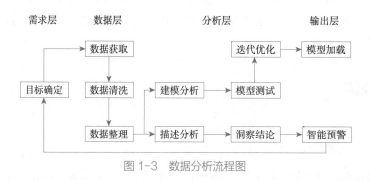

图1-3　数据分析流程图

（3）服务层

服务层也叫业务支撑层，位于平台数据层与应用层之间，基于标准的接口向平台的各大应用提供服务支撑。平台提供包括工作流引擎、数据报表引擎、消息队列、系统日志、用户安全、数据访问、远程过程调用等的功能组件，可针对平台的功能、性能等各方面的需求进行灵活地部署，并且根据业务改动可灵活地对这些服务组件进行修改，而不影响其他的组件，从而降低平台维护的费用。

（4）应用层

应用层通过采集层提供的标准 API 接口，打通各个子系统数据，实现建筑运维的操作系统功能，按照业务部门的使用需求和管理需求，系统模块的功能按需开发、部署、呈现、使用，并进行后期扩展，落地智慧建筑运维的生态功能。应用层实现智慧建筑运维的一卡通或者一码通（虚拟卡）、智慧停车、智慧办公、智慧测温、智慧楼宇控制、综合安防、权限管理、智慧空间管理、智能照明、访客管理、广播系统、出入口控制、信息发布、智慧节能等功能。

应用层一般包括智慧安全应用、智慧健康应用、智慧低碳应用和智慧服务。

①智慧安全的各应用及服务应实现维护智慧建筑内人、财产等方面安全，宜包括安防管理、消防管理、结构安全管理、电力安全管理、应急管理等；

②智慧健康的各应用及服务应实现维持建筑内良好的健康环境，宜包括声环境管理、光环境管理、热环境管理、饮用水管理、公共卫生管理等；

③智慧低碳的各应用及服务应实现维持建筑高效、节能、低碳运行，宜包括能耗管理、能效管理、建筑设备管理、碳管理等；

④智慧服务的各应用及服务应满足建筑内各方面人员使用需求，宜包括智能家居、智慧运维、智慧后勤、智慧巡检、资产管理等。

（5）展示层

展示层就是展现给用户的界面，即用户在使用智慧建筑运维系统的时候所见所得，用来显示数据和接收用户输入的数据，为用户提供一种交互式操作的界面。

2. 智慧运维平台的特点

智慧运维平台在对智慧管理系统实时数据采集、清洗、重构的基础上，通过对海量的现场设备运行状态数据建模，进行数据的分析和挖掘，以便发现潜在的故障因素并采取相应措施，实现智慧化运维。

智慧运维平台的特点如下：

（1）实时预判

实时预判是基于深度学习、机器学习等方式为用户提供设备运行智能预警，改变传统的"事后救火式"运维模式。

（2）智能定位

平台基于设备对应关系和系统拓扑结构图实现对已发生故障的智能定位，在派单时向运维人员提供定位信息以及历史维修记录等信息，协助运维人员快速掌握设备故障情况，提高运维效率。

（3）自动核算

平台可根据工单系统的数据进行工单成本的自动核算，可按设备类型、使用部门、维修人员、时间等不同维度来进行运维工单成本的分类统计，帮助用户实现运维成本的量化分析，以便其改进运维管理方式及运营方式，降低运维成本。

（4）过程追溯

平台可实现运维过程的可追溯，工单的批准、启动、完成和关闭通过工作流程引擎驱动，实现全电子化流转，平台全程记录报警信息和工单处理流程信息。

 任务实施

智慧建筑运维平台是实现建筑智慧运维管理的核心，请你通过知识学习、文献查阅以及各类形式的调研，总结归纳智慧建筑运维平台的架构与特点。

 学习小结

智慧建筑运维应用平台为运维管理提供全面的支持和服务，本任务主要介绍了智慧建筑运维应用平台的架构与特点。

（1）智慧建筑运维平台分为采集层、数据层、服务层、应用层、展示层五个层次。

（2）智慧运维平台的特点主要体现在：实时预判、智能定位、自动核算、过程追溯等。

任务 1.2.2　智慧建筑运维应用平台管理范畴

 任务引入

智慧建筑运维平台不仅可以快速向用户提供可视信息，还可以通过快速及时的信息收集机制来积累原始数据，改善业务流程，分析用户需求和特征，并进一步优化和调整这些资源，为用户提供有效的分析和数据支持，在这个过程中促进智慧建筑运维机制的优化和创新。

 知识与技能

1. 智慧建筑运维应用系统的分类

智慧建筑运维平台常见以下几类子系统：

（1）智慧公共服务

智慧公共服务主要包括智慧信息导引及信息发布系统、智慧会议系统和智慧公共广播系统三类。

①智慧信息导引及信息发布系统。根据管理和使用需求，在建筑公共区域以有线或无线的方式向公众提供告示、标识导引及信息查询等功能。同时具备多种显示终端设备的无缝交互能力。

②智慧会议系统。支持会议预约、批准、签到，会议开始，会议环境检测，会议结束等全流程的管控。

③智慧公共广播系统。根据管理和使用需求，在建筑公共区域以有线或无线的方式向公众提供播放通知、新闻、信息、报时等多种语音功能，以及网络化传输、可视化操作、移动终端交互点播、远程控制等。

（2）智慧通行服务

智慧通行主要是服务人和车，常见功能是人证对比、人流量密度预警、黑名单预警、视频识别车辆进出、周边车辆违法识别及预警、人脸考勤、人脸识别门禁、人脸消费、视频停车管理、视频车位引导等。

智慧通行主要包括出入口控制系统、智慧停车管理系统和智慧建筑电梯系统，各系统的功能见表1-1。

智慧通行服务系统的功能 表1-1

系统类型	功能
出入口控制系统	①支持多种识别方式，如IC卡、人脸、身份证及其组合方式； ②不同类型人员、不同权限分级管控； ③实人认证，无法顶替、代刷； ④黑名单设置，将列入黑名单人员排除在外，提高建筑的安全等级； ⑤齐全记录，工作人员能快速按需查找各种记录； ⑥访客管理，具有访客识别功能，利用无纸化方式，简化访问流程，记录访客数据
智慧停车管理系统	①智能感应卡，记录车辆及持卡人进出的相关信息； ②实时监测停车信息，对车辆停车进行引导； ③图片抓拍及图像采集，有效识别，实时记录车辆进出情况，杜绝一卡多车现象； ④分类识别，对临时车、月租车、免费车的进出具有判断有效期的功能； ⑤车辆出入及计费管理。信息对比，支持不停车进出和按标准收费功能； ⑥反向快速查询，根据车牌号或停车卡，查询车辆停放位置
智慧建筑电梯系统	①实时监测电梯运行状态，维保动态监管、实时记录； ②故障发生后，自动报送故障及受困人信息，并启动应急救援

（3）智慧火灾防控系统

现代建筑趋向于高层化、集约化、人员密集化，而且有大量电气设备，导致电气火灾概率和火灾危险性大增。智慧消防系统与其他智能系统进行数据信息传递，实现信息共享。目前智慧消防系统与大数据、人工智能、GIS系统已经有很宽的可结合面和便捷的结合接口，打造出全方位火灾防控体系。其具体作用如下：

①有效提高消防救援、防控能力。"智慧消防"是立足于充分满足火灾事故防控自动化、接警调度一键化、队伍管理精细化、装备调度系统化以及监督执法网络化的需求，经过对当前信息系统汇集整合且合理运用云计算与物联网、消防地理信息系统等

信息技术，将消防队伍管理模式以及消防监督执法模式加以创新，提高消防队伍救援能力以及防控能力。

②消防信息化建设，实现消防工作精细化管理。实现消防工作信息化，可以紧密联系各个政府部门，落实消防业务精细化管理。智慧消防还具有智能性，利用信息系统可以智慧化处理火灾信息，确定有关火灾现场的各种信息，从而制定针对性消防方案，提供可靠数据支撑。当前智慧消防体系可以利用大数据和物联网等技术，建立火灾监控网络，实时判断建筑火灾风险，有效预防火灾发生，同时也能及时消除火灾。

2. 智慧建筑运维应用平台的组成

智慧建筑运维应用平台，主要包括建筑空调系统运维、建筑给水排水系统运维、建筑供配电、照明和电梯系统运维、建筑消防系统运维、建筑安防系统运维、智慧停车系统运维、建筑能源系统运维和智慧物业管理。

（1）建筑空调系统运维

建筑空调系统运维是利用智慧平台对空调系统的运行状态进行实时监控，对空调系统设备进行管理维护，保证空调系统的安全、稳定和节能运行。

（2）建筑给水排水系统运维

建筑给水排水系统运维是利用智慧平台对建筑给水排水系统的水质、压力等参数进行实时监测，对水系统设备进行管理维护，保证用水安全和系统的节能运行。

（3）建筑供配电、照明和电梯系统运维

建筑供配电、照明和电梯系统运维是利用智慧平台对建筑中的供配电系统、照明系统和电梯系统进行管理和维护，以保证建筑的正常使用。

（4）建筑消防系统运维

建筑消防系统运维是利用智慧平台对建筑中火灾自动报警系统、自动喷水灭火系统、消火栓系统、防排烟系统、火灾事故广播系统、消防应急通信系统、消防应急照明疏散指示系统等进行日常管理与维护，以保证建筑的安全。

（5）建筑安防系统运维

建筑安防系统运维是利用智慧平台对建筑中的视频监控系统、电子巡更系统、门禁系统、访客进出等进行日常管理，以保证建筑的安全使用。

（6）智慧停车系统运维

智慧停车系统运维是利用智慧平台对停车场进出车辆进行管理。

（7）建筑能源系统运维

建筑能源系统运维是利用智慧平台对建筑的用能，包括用水、用电、用燃气情况进行计量与监测，计算碳排放量，以保证建筑的低碳节能使用。

（8）智慧物业管理

智慧物业管理是利用智慧平台实现对建筑的固定资产管理、空间资产管理和智慧工单管理。

任务实施

智慧建筑运维应用平台是运维人员进行科学智慧运维的基础，请你通过知识学习、文献查阅以及各类形式的调研，总结归纳智慧建筑运维应用平台的功能、结构及层次，智慧建筑运维的管理范畴和组成。

 学习小结

本任务主要是介绍了智慧建筑运维平台管理范畴，运维平台是智慧运维的基础。

（1）智慧建筑运维平台的子系统主要包括智慧公共服务、智慧通行服务、智慧火灾防控系统。

（2）智慧建筑运维应用平台，主要包括建筑空调系统运维、建筑给水排水系统运维、建筑供配电、照明和电梯系统运维、建筑消防系统运维、建筑安防系统运维、智慧停车系统运维、建筑能源系统运维和智慧物业管理。

知识拓展

码1-4 大数据在智慧运维中的应用

习题与思考

1. 单选题

（1）采集层全面采集物联网设备、智能化系统、信息系统，上传至（   ）进行存储。

A. 数据采集中心　　　　　　　　B. 服务器数据中心

C. 数据汇总中心　　　　　　　　D. 服务器中心

（2）（   ）不属于智慧建筑电梯服务系统的功能。

A. 实时检测电梯运行状态，维保动态监管、实时记录

B. 故障发生后，启动应急救援

C. 故障发生后，自动报送故障及受困人员信息

D. 智能感应人员进出

（3）（　　　　）不是智慧火灾防控系统的作用。

A. 有效提高消防救援、防控能力

B. 消防信息化建设，实现消防工作精细化管理

C. 火灾发生后，指挥人员有序安全撤离

D. 建立火灾监控网络，实时判断建筑火灾风险，有效预防火灾发生，及时消除火灾

2. 填空题

（1）智慧建筑运维平台分为_____、_____、_____、_____、_____五个结构层次。

（2）_____也叫业务支撑层，位于平台数据层与应用层之间。

（3）智慧建筑运维平台常见子系统有_____、_____、_____等。

（4）智慧通行主要包括_____系统、_____系统和_____系统。

3. 简答题

（1）智慧运维平台的智慧决策主要体现在哪些方面？

（2）智慧运维平台的应用层主要有哪些模块？

码 1-5　项目 1.2 习题与思考参考答案

模块 ②

建筑设备
系统运维

建筑空调系统

建筑空调系统认知

建筑空调系统运维

建筑给水排水系统

建筑给水排水系统认知

建筑给水排水系统运维

建筑供配电、照明和电梯系统

建筑供配电、照明和电梯系统认知

建筑供配电系统运维

建筑照明系统运维

建筑电梯系统运维

项目 2.1 建筑空调系统

教学目标

一、知识目标

1. 熟悉空调系统的主要设施设备；
2. 掌握空调系统运维管理的主要内容与工作流程。

二、能力目标

1. 会使用平台对空调系统进行日常管理；
2. 会使用平台对空调系统进行故障排查。

三、素养目标

1. 具有自主学习能力，能够查阅相关文献获取信息；
2. 具备大国使命感，树立节能减排、低碳运行的思想。

学习任务

了解空调系统运维管理的工作内容与流程，能够熟练操作运维平台，实现对空调系统的运行控制和维护管理。

建议学时

8 学时

思维导图

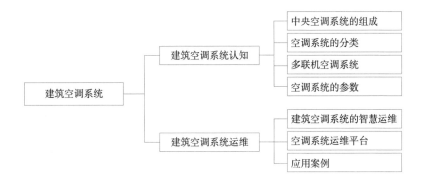

任务 2.1.1 建筑空调系统认知

任务引入

空调系统为人们提供了舒适的生活环境和适宜的生产条件，空调系统同时也是建筑能耗大户，了解空调系统的分类和组成，熟悉系统中的设施设备，是实现科学运维、节能运行的基础。

知识与技能

1. 中央空调系统的组成

中央空调系统包括冷热源、室内空调系统（即空调系统末端）、空调水系统（即输配系统）三大部分。中央空调系统（夏季）组成示意图见图 2-1。

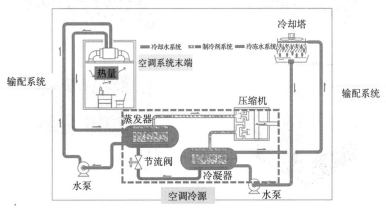

图 2-1 中央空调系统（夏季）组成示意图

中央空调系统中有许多设备，主要包括：冷（热）源设备、冷（热）媒输送设备、空气处理设备、空气分配装置、冷（热）媒输送管道、空气输配管道、自动控制装置等。

（1）空调冷源

能够为空调系统提供冷量的统称为冷源。常见的空调用制冷设备有压缩式制冷机组、吸收式制冷机组和热泵机组。常用空调冷源设备见表2-1。

空调冷源设备 表2-1

冷源类型	特点	主要设备类型
压缩式制冷机组	由压缩机、冷凝器、节流机构、蒸发器四个部件依次用管道连接成封闭的系统，充注适量制冷工质所组成的设备，称为压缩式制冷机	活塞式冷水机组、螺杆式冷水机组、离心式冷水机组等
吸收式制冷机组	吸收式制冷系统是依靠吸收器—发生器组的作用完成制冷循环的制冷机	蒸汽型吸收式制冷机、直燃型吸收式制冷机等
热泵机组	热泵是一种将低温热源的热能转移到高温热源的装置。热泵机组夏季可以制冷，冬季可以供暖	空气源热泵、水源热泵、地源热泵等

常用空调冷源设备见图2-2。

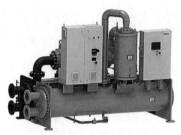
（a）离心式冷水机组

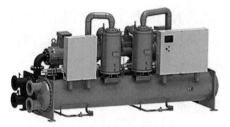
（b）螺杆式离心机组

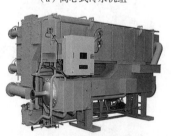
（c）蒸汽型双效吸收式冷水机组

（d）直燃型吸收式冷温水机组

（e）风冷螺杆式热泵机组

（f）风冷模块热泵机组

图2-2 常用空调冷源设备

（2）空调热源

能够为空调系统提供热量的统称为热源。空调系统的热源主要有锅炉、热水机组、热泵机组等。常用空调热源设备见表 2-2。

空调热源设备 　　　　　　　　　　　　表 2-2

热源类型	特点	主要设备类型
锅炉	通过燃烧燃料，将水加热，提供给空调系统，用于冬季供热	燃油锅炉、燃气锅炉等
热水机组	通过燃烧燃料，将水加热，提供给空调系统，用于冬季供热	燃油热水机组、燃气热水机组等
热泵机组	冬季为空调系统提供热水	空气源热泵、水源热泵、地源热泵等

常用空调热源设备见图 2-3。

（a）燃油锅炉

（b）燃气锅炉

（c）直燃式热水机组

（d）空气源热泵热水机组

图 2-3　常用空调热源设备

（3）室内空调系统（即空调系统末端）

室内空调系统是指中央空调系统的末端。

空调系统末端设备主要有组合式空调机组、吊顶式机组、风机盘管、诱导器等。

常用空调系统末端见图 2-4。

（4）空调水系统（即输配系统）

空调水系统是冷热源与末端用户的媒介，是传送热量和冷量的通道，也是中央空调系统的输配部分。空调水系统一般包含冷热水、冷却水两部分。

（a）组合式空调机组　　　　　　　　　　（b）风机盘管

图 2-4　常用空调系统末端

1）冷热水系统

冷热水又称为冷热媒，是把空调冷热源产生的冷量或热量，携带并运送至空调机组、风机盘管等空气处理设备处，通过末端设备为房间供冷或供暖。

空调冷热水系统主要由供回水管、阀门、仪表、分集水器、水泵、膨胀水箱等组成。

2）冷却水系统

夏季室内产生的热量，通过冷媒系统运至空调系统主机，再通过水将热量散入大气、土壤或水体中，这种带走热量的水就是冷却水。

空调冷却水系统由冷水机组的冷却水管、冷却塔、冷却水循环泵、分集水器等组成。

常用空调水系统设备见图 2-5。

（a）分集水器　　　　　　　　　　（b）冷却塔

图 2-5　常用空调水系统设备

2. 空调系统的分类

实际工程中，应根据建筑物的用途和性质、温湿度调节与控制要求、初投资与运行费等多种因素选定合适的系统。因此了解空调系统的分类很重要。

（1）根据空气处理设备的设置情况，空调系统的分类见表 2-3。

空调系统分类（根据空气处理设备的设置情况）　　　　　　　表 2-3

系统类型	特点	适用建筑类型	主要设施设备
集中式空调系统	所有的空气处理设备都集中设置在一个空调机房内，处理后的空气经风道输送至空调房间或区域	有较大建筑面积和空间的公共场所及人员较多的建筑，如大型商场、车站候车厅、候机厅、影剧院等	组合式空调机组 吊顶式机组

续表

系统类型	特点	适用建筑类型	主要设施设备
半集中式空调系统	具有集中的空气处理室（主要处理新风）和送风管道，同时又在各空调房间设有局部处理装置	有多个独立空间的场所，以满足不同的需求，如办公、宿舍、宾馆等	新风机组 风机盘管 诱导器
全分散空调系统	把冷源、热源和空气处理设备及空气输送设备（风机）集中设置在一个空调机内	家用空调和车用空调的主要形式	单元式空调 分体式空调

（2）根据负担室内负荷所用介质，空调系统的分类见表2-4。

空调系统分类（根据负担室内负荷所用介质）   表2-4

系统类型	特点	适用建筑类型	主要设施设备
全空气系统	空调房间内的负荷全部由经处理过的空气来负担。 该系统的风管截面大，占用建筑空间多	高大空间建筑	组合式空调机组
全水系统	空调房间的负荷全部由水作为冷热介质来承担。 不能解决房间新鲜空气的供应问题	通常不单独使用	—
空气–水系统	由空气和水共同负担空调房间的负荷	办公、宾馆、宿舍等	风机盘管加独立新风
冷剂系统	将制冷系统的蒸发器直接放在空调房间内吸收空调房间内的余热、余湿	家用空调、车用空调、多联机系统	局部空调器 VRV

3. 多联机空调系统

多联机空调系统，又称VRV（变制冷剂流量）系统，广泛用于中小型建筑和部分公共建筑中。多联机也叫"一拖多"，是指一台室外机通过配管连接两台或两台以上室内机，属于制冷剂空调系统。多联机空调系统见图2-6。

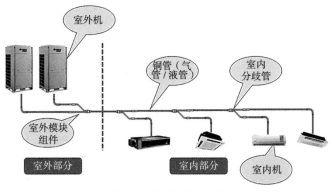

图 2-6　多联机空调系统

多联机空调系统可以充分满足建筑物分区控制的要求，设计自由度高，安装和计费方便，得到越来越多应用。

4. 空调系统的参数

（1）空调水系统的温度

1）冷（热）水系统

夏季：空调系统的供、回水温度通常为7℃和12℃；

冬季：采用锅炉或换热器加热空调热水时，供、回水温度通常为60℃和50℃；

采用直燃式冷（温）水机组、空气源热泵、地源热泵等作为热源时，供、回水温度通常为45℃和40℃。

2）冷却水系统

采用冷却塔散热，进出冷却塔的水温通常为37℃和32℃。

3）地源热泵地源侧水系统

夏季：地源侧的进、出水温度通常为35℃和30℃；

冬季：地源侧的进、出水温度通常为5℃和10℃。

其他类型的空调系统，供、回水温度和温差应按照设备要求确定。

（2）空调系统的室内温度和相对湿度

设有空调系统的建筑物的室内参数见表2-5。

空调房间的室内参数　　　　　　　　　　　　　　　表2-5

建筑类型	房间类型	夏季		冬季	
		温度（℃）	相对湿度（%）	温度（℃）	相对湿度（%）
住宅	卧室和起居室	26~28	60~65	18~20	—
旅馆	客房	25~27	50~65	18~20	≥ 30
	宴会厅、餐厅	25~27	50~65	18~20	≥ 30
	文体娱乐房间	25~27	50~65	18~20	≥ 30
	大厅、休息厅、服务部门	26~28	50~65	16~18	≥ 30
医院	病房	25~27	≤ 60	18~22	40~45
	手术室、产房	22~25	35~60	22~26	35~60
	检查室、诊断室	25~27	≤ 60	18~20	40~60
办公楼	一般办公室	26~28	< 65	18~20	—
	高级办公室	24~27	40~60	20~22	40~55
	会议室	25~27	< 65	16~18	—
	计算机房	25~27	45~65	16~18	—
	电话机房	24~28	45~65	18~20	—
学校	教室	26~28	≤ 65	16~18	—
	礼堂	26~28	≤ 65	16~18	—
	实验室	25~27	≤ 65	16~20	—
图书馆	阅览室	26~28	40~65	18~20	40~60
博物馆	展览厅	24~26	40~65	18~20	40~60

续表

建筑类型	房间类型		夏季		冬季	
			温度（℃）	相对湿度（%）	温度（℃）	相对湿度（%）
美术馆	善本、舆图、珍藏、书库		22~24	45~60	12~16	45~60
档案馆	微缩母片库		≤ 15	35~45	≥ 13	35~45
	微缩拷贝片库		≤ 24	40~60	≥ 14	40~60
	档案库		≤ 24	45~60	≥ 14	45~60
	保护技术试验室		≤ 28	40~60	≥ 18	40~60
	阅览室		≤ 28	≤ 65	≥ 18	—
	展览室		≤ 28	45~60	≥ 14	45~60
	裱糊室		≤ 28	50~70	≥ 18	50~70
体育馆	比赛厅		26~28	55~65	16~18	≥ 30
	练习厅		23~25	≤ 65	16	—
	运动员、裁判员休息室		25~27	≤ 65	20	
	观众休息厅		26~28	≤ 65	16	
	检录处	一般项目	25~27	≤ 65	20	—
		体操	25~27	≤ 65	24	—
	游泳池大厅		26~29	60~70	26~28	60~70
	游泳池观众区		26~29	60~70	22~24	≤ 60
百货商店	营业厅		26~28	50~65	16~18	30~50
电视、广播中心	播音室、演播室		25~27	40~60	18~20	40~50
	控制室		24~26	40~60	20~22	40~55
	机房		25~27	40~60	16~18	40~55
	节目制作室、录音室		25~27	40~60	18~20	40~50

 任务实施

空调系统是建筑的重要组成部分，现代建筑已经离不开空调系统，请你通过知识学习、文献查阅以及各类形式的调研，总结归纳空调系统的各种形式、设备设施及对应的使用场所，以表格形式列出。

 学习小结

空调应用于建筑，只有一百多年的历史，但它却改变了我们的生活。本任务主要介绍了中央空调系统的组成，空调系统的分类，多联机系统、空调系统的参数等内容。

（1）中央空调系统由冷热源、室内空调系统（即空调系统末端）、空调水系统（即输配系统）三大部分组成。

（2）空调系统有很多类型，根据不同分类依据，空调系统的类型也各有不同。例如根据空气处理设备的设置情况，可分为集中式、半集中式和全分散式；根据负担室内负荷所用介质，可分为全空气、全水、空气－水、冷剂系统。

（3）多联机空调系统，又称VRV（变制冷剂流量）系统，该系统可以充分满足建筑物分区控制的要求，广泛用于中小型建筑和部分公共建筑中。

（4）空调系统的参数，一是空调水系统的温度，二是空调系统的室内温度和相对湿度。

任务 2.1.2　建筑空调系统运维

任务引入

空调系统是建筑中的重要设施，其运行维护可确保系统满足使用要求、降低运行成本、延长使用寿命。随着数字化技术的发展，利用数字技术，通过运维平台对空调系统进行科学运维是目前的发展趋势。

知识与技能

1. 建筑空调系统的智慧运维

（1）空调系统智慧运维的意义

1）提高能效。通过对空调系统进行维护保养，可以保证空调系统的高效运行，提高能效，降低能耗和运行成本。

2）保障室内空气质量。定期清洗和更换过滤器，可以有效去除空气中的灰尘、花粉、细菌等污染物，从而保障室内空气质量。

3）延长使用寿命。经常维护保养可以延长空调系统的使用寿命，减少故障发生的可能性，降低维修成本。

4）提高工作效率。通过定期维护保养可以保证空调系统的正常运行，减少停机时间，提高工作效率。

5）提高安全性。对空调系统进行定期的检查和维护保养，可以发现和排除一些潜在的安全隐患，提高空调系统的安全性。

（2）空调系统日常维护的内容

1）空调主机的维护保养

空调主机的保养非常重要。主机部分是整个中央空调系统的核心组成部分，包括压缩机、蒸发器、冷凝器、节流装置等重要设备，必须定期保养，以确保系统的正常运行和延长使用寿命。

2）空调末端的维护保养

空调系统的末端部分主要包括风机盘管、新风机组、排风机组等设备。这些设备的正常运行对于保证空调系统的正常运行和舒适度具有重要的作用。空调系统末端的日常保养主要包括清洁、检查、维修、更换等方面。

3）循环水路的维护

空调系统的日常运维中，循环水路也非常重要，对于其保养维护也需要高度重视。循环水路的保养主要包括冷却水系统、冷冻水系统、冷却塔、冷冻冷却循环水泵、循环管路五个方面。

2. 空调系统运维平台

空调系统运维平台的功能主要包括：运行状态监控、故障预警、远程操作、巡检管理、维护管理、能耗监测、数据分析七个方面。

（1）运行状态监控

运行状态监控是对空调系统的运行状态进行实时监控，反馈各项指标的变化情况，方便运维人员及时发现和解决问题，保证空调系统的稳定运行。运行状态监控包括监控对象、监控指标、监控方式三方面。

空调系统的运行状态监控功能见图2-7。

图2-7 空调系统运行状态监控功能

1）监控对象

空调系统运维平台的监控对象主要包括空调主机、室内机、室外机、管路系统、电气系统等，每个监控对象都有自己的运行状态和指标，具体见表2-6。

表2-6

空调系统运维平台监控对象

监控对象	观测点	考察点	具体指标
空调主机	空调主机的运行状态	系统的总体运行情况	制冷量、耗电量
室内机	室内机的运行状态	系统的冷却效果和能耗情况	室内温度、湿度、制冷量、用电量
室外机	室外机的运行状态	系统的制冷效果和能耗情况	室外温度、制冷量、用电量

监控对象	观测点	考察点	具体指标
管路系统	冷凝管、膨胀管、连接管等管路的运行状态	系统的制冷效果和能耗情况	管路温度、管路压力等
电气系统	控制面板、电源、线路等电气系统的运行状态	系统的电能质量和电路安全情况	电流、电压、功率等

2）监控指标

空调系统运维平台的监控指标主要有温度、湿度、压力、功率等，具体见表2-7。

空调系统运维平台监控指标 表2-7

监控指标	具体内容	考察点
温度	室内温度、室外温度、冷凝器温度、蒸发器温度等	空调系统的制冷效果和运行情况
湿度	室内湿度、室外湿度等	空调系统的除湿效果和运行情况
压力	冷凝压力、蒸发压力等	空调系统的制冷效果和运行情况
电流	空调主机电流、室外机电流等	空调系统的电路安全和稳定运行情况
电压	空调主机电压、室外机电压等	空调系统的电路安全和稳定运行情况
功率	空调主机功率、室外机功率等	空调系统的能耗情况和电路负载情况
制冷量	空调系统的制冷量、制热量等	空调系统的制冷效果和运行情况
能耗	空调系统的能耗情况，如电能消耗量、热能消耗量等	空调系统的能效特性和运行成本

3）监控方式

空调系统运维平台的监控方式包括实时监控、远程监控、报警监控、历史记录等，具体见表2-8。

空调系统运维平台监控方式 表2-8

监控方式	具体内容	作用
实时监控	运维系统平台可以在空调系统中安装传感器和数据采集设备，实时采集各项指标数据，并及时反馈到运维系统平台上	通过实时监控，运维人员可以随时掌握空调系统的运行状况，及时处理问题，确保系统的稳定运行
远程监控	运维系统平台可以通过云端技术和物联网技术，实现对空调系统的远程监控。运维人员可通过远程终端设备，实时查看空调系统的运行状态，进行远程诊断和管理	该方式能大幅提高运维人员的工作效率，降低系统的运维成本
报警监控	运维系统平台可以通过设定报警阈值，对空调系统各项指标进行监控。当指标超过或低于设定阈值时，平台会自动发出报警信息	该方式可以有效降低故障响应时间，提高空调系统的可靠性和稳定性
历史记录	运维系统平台可以将空调系统的各项指标数据存储在数据库中，形成历史记录。运维人员可以通过查询历史记录，查找过去的故障信息和解决方案，为未来的维护工作提供参考	该方式可以提高运维人员的工作效率，降低系统的维护成本

（2）故障预警

故障预警可以在空调系统出现问题之前，通过预警提示，让运维人员及时进行故障处理，避免故障对业务带来的影响。随着科技的不断进步和数字化技术的发展，在空调系统的运维过程中，故障预警已经成为提高系统稳定性和运行效率的重要手段。预警系统能够对空调系统进行实时监测、数据采集和分析处理，通过对数据的比对和分析，可以预测出空调系统可能出现的故障情况，及时地给出预警提示，让运维人员能够提前发现问题，快速响应，进行故障处理和修复操作。这不仅能够避免出现故障对业务带来的影响，还能够降低企业的维修成本，提高运行效率和系统可靠性。因此，故障预警是空调系统运维中重要的一环。

空调系统运维平台的故障预警功能见图 2-8。

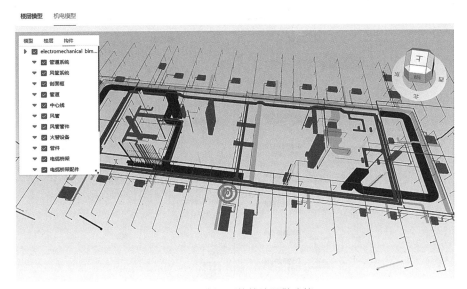

图 2-8　空调系统故障预警功能

空调系统运维平台故障预警的具体应用见表 2-9。

空调系统运维平台故障预警　　　　　　　　　　　　　　　　　表 2-9

故障预警	工作内容	作用
预警设置	运维系统平台可以通过设定空调系统的各项指标，例如温度、湿度、电流等，实现故障预警的功能	当空调系统的指标超出了设定的阈值时，系统就会发出预警提示
报警通知	运维系统平台可以用多种通知方式，如邮件、短信、微信等，将故障预警信息及时通知给运维人员	该方式能快速地将故障信息传递给相关人员，及时采取措施，防止故障扩大
实时监控	运维系统平台可以通过实时监控空调系统的各项指标，检测空调系统是否存在潜在的故障隐患，并及时发出预警提示	该方式能够帮助运维人员预测可能出现的故障，提前进行预防性维护，避免故障对业务的影响
数据分析	运维系统平台可以对空调系统采集的各项指标数据进行分析，找出故障出现的规律和原因，并提供解决方案	该方式帮助运维人员更好地理解故障的本质，提高故障处理的效率和准确性

续表

故障预警	工作内容	作用
智能学习	运维系统平台可以通过机器学习等人工智能技术，对历史故障数据进行分析和学习，建立故障模型。当空调系统出现与历史故障类似的情况时，运维系统平台可以根据故障模型进行预测和预警	该方式能够让运维人员远程完成调整操作，避免了因现场操作而带来的安全风险

（3）远程操作

远程操作可以让运维人员在不接触实际设备的情况下，通过远程控制的方式来完成各种操作，提高运维效率和安全性。

空调系统运维平台的远程操作功能见图 2-9。

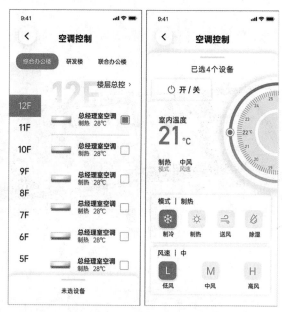

图 2-9　空调系统远程操作功能

空调系统运维平台的远程操作功能见表 2-10。

空调系统运维平台远程操作　　　　　　　　　　表 2-10

远程操作	工作内容	作用
远程开关机	可以远程控制空调系统的开关机，运维人员无需现场操作	该方式能够提高运维效率，特别适用于较远地区或多地区设备的管理
远程调整参数	可以远程控制空调系统的各项参数，对空调系统进行调整	远程完成调整操作，可减少现场操作带来的安全风险
远程升级固件	可以远程升级空调系统的固件，更新系统功能和修复已知的问题	无需到现场进行升级，避免由于升级操作带来的风险和不便
远程监控	可以远程监控空调系统的运行状态和各项指标，实时了解系统运行情况和性能状况	能让运维人员远程掌握系统运行状态，及时发现和处理故障，提高运维效率

续表

远程操作	工作内容	作用
远程诊断	可以远程诊断空调系统的故障，找出故障原因，并提供解决方案	无需到现场，避免由于现场操作带来的安全风险和不便，提高运维效率

（4）巡检管理

巡检管理可以帮助运维人员定期巡检空调系统，及时发现和解决问题，保证系统的正常运行。

空调系统运维平台的巡检管理功能见图2-10。

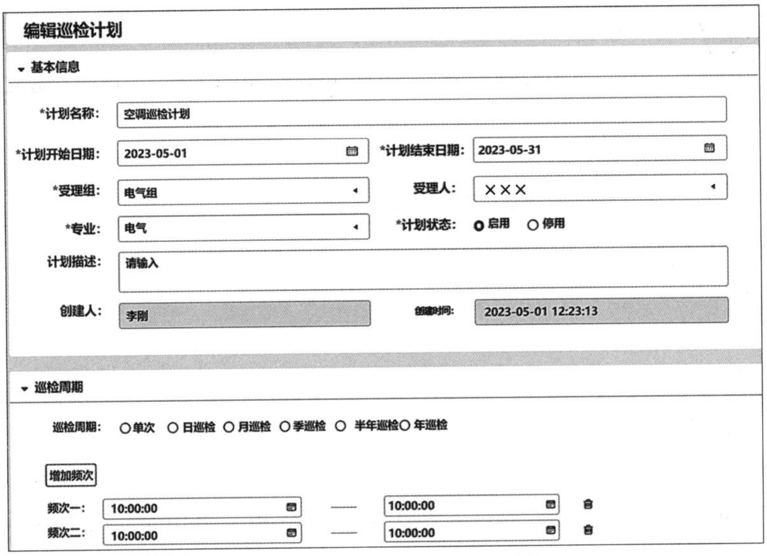

图2-10　空调系统巡检管理功能

运维系统平台的巡检管理功能主要包括：

1）制定巡检计划；

2）分配巡检任务；

3）生成巡检报告；

4）处理异常情况；

5）分析巡检数据。

通过平台巡检管理的应用，运维人员可以及时发现和解决空调系统中的问题，保证系统正常运行，同时，通过对巡检数据的分析，可以帮助管理人员进一步改进运维策略，提高运维效率和系统的稳定性。

（5）维护管理

维护管理可以帮助运维人员进行空调系统的维护和管理，提高系统的稳定性和可靠性。

空调系统运维平台的维护管理功能见图2-11。

图 2-11　空调系统维护管理功能

运维系统平台的维护管理功能主要包括：

1）制定维护计划；

2）分配维护任务；

3）生成维护报告；

4）处理故障；

5）分析维护数据。

通过平台维护管理的应用，可以让运维人员及时进行空调系统的维护和管理，保证系统的稳定性和可靠性，同时，通过对维护数据的分析，可以帮助管理人员进一步改进运维策略，提高运维效率和系统的稳定性。

（6）能耗监测

能耗监测可以帮助管理人员了解空调系统的能耗情况，及时发现和解决能耗过高的问题，降低能耗成本，提高能源利用效率。

空调系统运维平台的能耗监测功能见图 2-12。

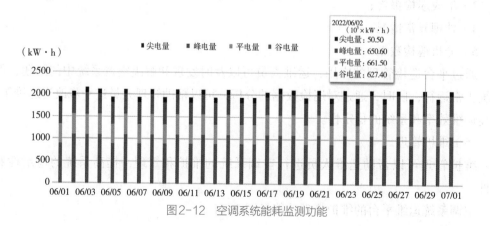

图 2-12　空调系统能耗监测功能

运维系统平台的能耗监测功能主要包括：

1）实时监测；

2）数据分析；

3）报警功能；

4）能耗管理。

通过能耗监测的应用，管理人员可以了解空调系统的能耗情况和趋势，及时发现和解决能耗过高的问题，降低能耗成本，提高能源利用效率。同时，通过制定相应的能耗管理策略，可以进一步降低空调系统的能耗成本，提高能源利用效率。

（7）数据分析

数据分析是运维系统平台的重要应用。通过对空调系统的数据进行分析，可以了解空调系统的运行状况、性能表现、问题状况等信息，从而制定相应的管理策略和优化方案。

空调系统运维平台的数据分析功能见图 2-13。

运维系统平台的数据分析功能主要包括：

1）数据采集。

2）数据处理。

3）数据可视化。

数据可视化应用具体包括：实时监控、能耗分析、故障分析、历史数据分析等。

4）数据建模。

通过数据分析的应用，管理人员可以了解空调系统的运行状况、性能表现、问题状况等信息，为制定相应的管理策略和优化方案提供支持。同时，通过数据建模和预测的方式，可以提前发现潜在的问题和风险，并制定相应的预防和处理方案，从而降低空调系统的运维风险和成本，提高空调系统的效率和性能。

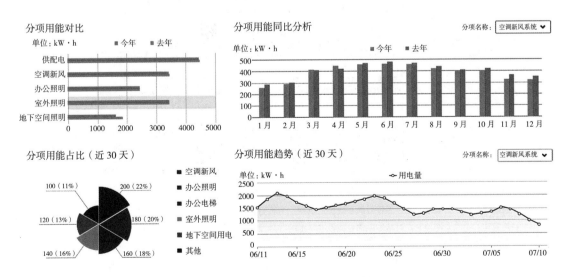

图2-13 空调系统数据分析功能

应用案例

1. 案例概况

（1）项目概况

某建筑大厦，位于苏州市相城区，占地 2.23 万 m^2，总建筑面积 11.4 万 m^2，地下 2 层，地上 23 层，总高度 111.5m。项目含 3 个单体，分别为总部办公楼、研发楼、联合办公楼。本教材应用案例均为该项目，下文不再一一介绍。

（2）空调系统概况

该建筑大厦采用变制冷剂流量多联机系统。针对不同楼层、不同部门或不同办公室对温度需求的不同，变制冷剂流量多联机系统可以实现区域划分和独立控制，每个室内机都配备独立的温度传感器和控制装置，可以根据不同区域的需求精确控制温度，提供舒适的工作环境，并减少能源浪费。同时利用智慧建筑运维平台可实现通过传感器和监测设备实时监测空调系统的运行状况，包括温度、湿度、空气质量等参数，远程调控每台室内机的运行参数。

2. 空调系统运维情况

利用数字信息技术，通过设备的三维展示界面，对空调系统实施全方位管理，实时掌控设备信息和运行数据。监控各空调机组、新风机组的状态，调节相应区域的温度、湿度参数，控制预定时间表、自动启停，以达到经济舒服的室内环境。空调系统运维情况见图 2-14。

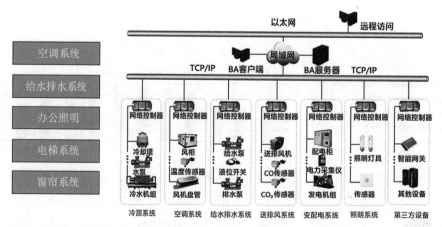

多系统联动：以大数据驱动，保障能源系统安全运行，精确需量预测与管理，实现精准用电，节能降耗10%
设施管理：主动监测预警，对楼宇中的设施设备，主动监测预警，提高设施使用率和寿命，当设备出现异常，智能运营中心自动告警
可视化设施管理：通过BIM可视化设备故障定位，就近派发工单，提升作业效率

图2-14 空调系统运维情况

任务实施

空调系统给我们带来舒适的生活、工作环境，同时空调系统也是能耗大户，请你调研一幢建筑的空调系统，并分析它的能耗组成，提出你的节能运行建议。

 学习小结

本任务主要介绍了空调系统智慧运维的意义，空调系统运维平台的功能及使用。

（1）空调系统智慧运维的意义在于提高能效、保障室内空气质量、延长使用寿命、提高工作效率及安全性。

（2）空调系统运维平台的功能主要包括：运行状态监控、故障预警、远程操作、巡检管理、维护管理、能耗监测、数据分析。

知识拓展

码 2-1 中央空调系统节能改造

习题与思考

1. 单选题

（1）室内空调系统也叫（　　　）。

A. 空调系统初端　　　　　　　　　　B. 空调系统末端

C. 空调输配系统　　　　　　　　　　D. 空调系统中端

（2）空调冷却水系统由冷水机组的（　　　）等组成。

A. 冷却水管、冷却塔、冷却水循环泵

B. 冷凝水管、冷凝塔、普通水循环泵

C. 冷却水管、冷凝器、冷却水循环泵

D. 普通水管、冷却塔、冷却水循环泵

（3）采用冷却塔散热，进、出冷却塔的水温通常为（　　　）。

A. 36℃和32℃　　　　　　　　　　B. 37℃和32℃

C. 38℃和32℃　　　　　　　　　　D. 37℃和34℃

2. 填空题

（1）国家提倡的夏季室内空调温度是_____。

（2）根据空气处理设备的设置情况，空调系统可分为_____、_____、_____。

（3）空调系统运维平台的监控指标主要有_____、_____、_____、_____等。

（4）炎热夏季，空调系统的供回水温度通常为_____和_____。

3. 简答题

（1）空调系统由哪些部分组成？

（2）变制冷剂流量多联机空调系统适用于哪些场所？

（3）空调系统运维平台主要有哪些功能？

码 2-2　项目 2.1 习题与思考参考答案

项目 2.2　建筑给水排水系统

教学目标 📖

一、知识目标
1. 熟悉给水排水系统的组成和主要设备；
2. 掌握给水排水系统运维管理的主要内容与工作流程。

二、能力目标
1. 会用平台对给水排水系统进行日常管理；
2. 会用平台对给水排水系统进行故障排查。

三、素养目标
1. 能做好本职工作，具有一定创新能力；
2. 具备以人为本、节约用水的思想意识。

学习任务 🗔

了解给水排水系统运维管理的工作内容与流程，能够熟练操作运维平台，实现给水排水系统的运行控制和维护管理。

建议学时 ⊡

8 学时

思维导图

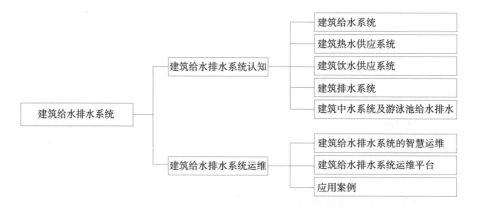

建筑给水排水系统 ── 建筑给水排水系统认知 ── 建筑给水系统 / 建筑热水供应系统 / 建筑饮水供应系统 / 建筑排水系统 / 建筑中水系统及游泳池给水排水

建筑给水排水系统运维 ── 建筑给水排水系统的智慧运维 / 建筑给水排水系统运维平台 / 应用案例

任务 2.2.1　建筑给水排水系统认知

任务引入

建筑给水排水系统，是给建筑物提供符合水质、水量、水压要求的生产、生活用冷水和热水、消防用水，给人们提供生活舒适和安全保障，同时，还需要将人们在生活和生产过程中产生的污水、废水、雨水等，采用合适的方式，排出建筑物或采用合适的处理方式回收利用。了解建筑给水排水系统的分类、作用、系统组成及主要设备设施，是对建筑给水排水系统进行运行维护的基础。

知识与技能

1. 建筑给水系统

建筑给水系统的任务，就是将自来水或自备水源的水送到建筑物室内的所有用水点，并满足各用水点对水量、水压、水质的要求。

（1）建筑给水系统的组成

建筑内部给水系统一般由引入管、水表节点、管道系统、给水附件、加压和贮水设备、给水局部处理设施组成，见图2-15。

1）引入管。引入管是城市给水管道与用户给水管道间的连接管。

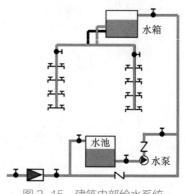

图2-15　建筑内部给水系统

2）水表节点。水表节点是指水表及其前后设置的阀门、泄水装置等的总称。

3）管道系统。管道系统是指建筑内部的水平或垂直干管、立管、支管等。

4）给水附件。给水附件包括控制附件和配水附件。控制附件是指各种阀门，配水附件是指各式配水龙头。

5）加压和贮水设备。当室外给水管网的水压、水量不能满足用水要求时，或者用户对水压稳定性、供水安全性有特殊要求时，需设置加压和贮水设备，如水泵、水箱、贮水池、气压水罐等。

（2）建筑给水系统中的设施设备

建筑给水系统中的设备主要包括加压设备和贮水设备。

1）水泵

当城市给水管网压力较低、供水压力不足时，常需要水泵来增加水流压力。建筑给水系统中多采用离心泵。常用离心泵见图 2-16。

（a）卧式离心泵　　　　　（b）立式单级离心泵　　　（c）立式多级离心泵

图 2-16　常用离心式水泵

水泵的型号应根据系统所需的水量和水压确定，并应使水泵在高效率区运行。加压水泵长期不停工作，水泵效率对节约能耗、降低运行费用起着关键作用，因此应该选择效率高的水泵。给水系统的加压水泵机组应设备用泵，水泵宜自动切换交替运行。

2）变频恒压供水设备

变频恒压供水设备是一种新型的节能供水设备。其是以水泵出水端水压（或用户用水流量）为设定参数，自动控制变频器的输出频率调节水泵电机的转速，使供水系统的压力恒定于设定值，保证用户管网随时都有充足的水压（与用户设定的压力一致）和水量（随用户的用水情况变化而变化）。变频恒压供水设备主要由控制器、变频器、压力变送器、水泵等组成。变频调速自动供水设备见图 2-17，其工作原理见图 2-18。

3）气压给水设备

气压给水设备是给水设备的一种，利用密闭罐中压缩空气的压力变化，可以调节和压送水量，在给水系统中主要起增压和水量调节的作用。其通常由气压水箱、水泵机组、管路体系、电控体系、控制箱（柜）等组成。气压给水设备见图 2-19。

图 2-17　变频恒压供水设备

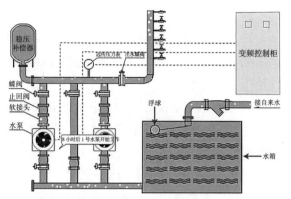

图 2-18　变频恒压供水设备工作原理图

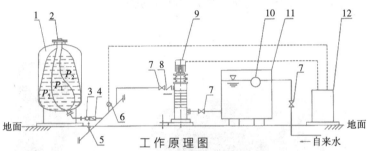

1—隔膜式气压水罐；2—充气口；3—橡胶软接头；4—蝶阀；5—安全阀；6—电接点压力表；7—闸阀；8—止回阀；9—水泵；10—浮球阀；11—贮水池；12—电控柜

图 2-19　气压给水设备

4）贮水池、水箱

当城市给水管网不能满足流量要求时，应设置贮水池，以补充供水量不足。

贮水池一般用钢筋混凝土制成，也有采用各种钢板或玻璃钢制作，贮水池所用材料不得对其储水水质造成任何污染。其中饮用水贮水池内壁材料应满足卫生部门的要求。

水箱具有储存水、增压、稳压、减压和调节水泵运行的作用。

水箱一般采用经过防腐处理的钢板、玻璃钢、塑料或钢筋混凝土制作，防腐材料不得污染水质。水箱有圆形、方形、矩形或球形。水箱一般应设进水管、出水管、溢流管、泄水管、通气管、液位计、人孔等，水箱的配管与附件见图 2-20。

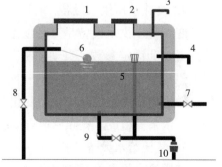

图 2-20　水箱的配管与附件

1—人孔；2—仪表孔；3—通气管；4—信号管；5—溢流管；6—浮球阀；7—出水管；8—进水管；9—泄水管；10—受水器

2. 建筑热水供应系统

建筑热水供应系统是水的加热、储存和输配的总称，其任务是按水量、水温和水质的要求，将冷水加热并储存在热水储水器中，通过输配管网供应至热水用户，满足人们生活和生产对热水的需求。

（1）建筑热水供应系统的分类

热水供应系统按供应热水的范围可分为局部热水供应系统、集中热水供应系统和区域热水供应系统。其特点和适用范围见表 2-11。

建筑热水供应系统分类 　　　　　　　　表 2-11

类型	含义	特点	适用范围	热源	举例
局部热水供应系统	供单个或数个配水点热水	靠近用水点设小型加热设备，供水范围小，管路短，热损小	用量小且较分散的建筑	蒸汽、燃气、炉灶余热或太阳能等	单个厨房、浴室等
集中热水供应系统	供一幢或数幢建筑物热水	在锅炉房或换热站集中制备，供水范围较大，管网较复杂，设备多，一次投资大	耗热量大、用水点多而集中的建筑	工业余热、废热、地热和太阳热；城市热力管网或区域性锅炉房	标准较高的住宅、高级宾馆、医院、公共浴室、疗养院、体育馆、游泳池、酒店等
区域热水供应系统	供区域整个建筑群热水	在区域锅炉房的热交换站制备，供水范围大，管网复杂，热损大，设备多，自动化程度高，投资大	用于城市片区、居住小区的整个建筑群	热电厂、区域性锅炉房或热交换站	通过城市热力管网输送到居住小区、街坊、企业及单位

（2）建筑热水供应系统的组成

建筑热水供应系统主要由热媒系统、热水系统、附件三部分组成，集中式热水供应系统如图 2-21 所示。

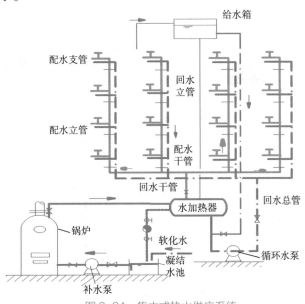

图 2-21　集中式热水供应系统

1）热媒系统

热媒系统由热源、水加热器和热媒管网组成，又称第一循环系统。

2）热水系统

热水系统主要由换热器、供热水管道、循环加热管道、供冷水管道等组成，又称第二循环系统。

3）附件

附件包括蒸汽、热水的控制附件及管道的连接附件，如温度自动调节器、疏水阀、减压阀、安全阀、膨胀管、管道补偿器、闸阀、水嘴、止回阀等。

（3）建筑热水供应系统的主要设备

建筑内热水供应系统的主要设备有加热设备、换热设备、储热设备等。

1）加热设备

①锅炉。锅炉是最常用的发热设备，常用锅炉有燃煤锅炉、燃油锅炉、燃气锅炉、电热锅炉。

②燃气热水器。燃气热水器的热源有天然气、焦炉煤气、液化石油气和混合煤气四种。其主要用于住宅、公共建筑和工业企业的局部或集中的热水供应。

③电热水器。电热水器是把电能通过电阻丝变为热能加热冷水的设备，主要有快速式和容积式两种。其一般适用于局部供水和管网供水系统。

④太阳能热水器。太阳能热水器是将太阳能转换成热能并将水加热的装置，主要有装配式和组合式两种。装配式适用于家庭和分散适用场所，组合式适用于大面积供应热水系统和集中供应热水系统。加热设备见图2-22。

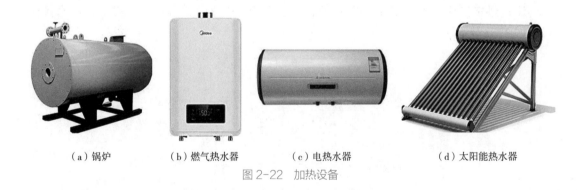

（a）锅炉　　（b）燃气热水器　　（c）电热水器　　（d）太阳能热水器

图2-22　加热设备

2）换热设备

热水供应系统中，常用的换热设备有混合式换热器和间壁式换热器。前者称为直接换热器，是通过换热流体的直接接触与混合作用进行热量交换；后者通过金属壁面把冷热流体隔开并进行换热，又称间接换热器。间接式换热器在建筑热水供应中应用十分广泛，常用的有容积式、快速式、半容积式、半即热式等水加热器。

①容积式水加热器。容积式水加热器是内部设有热媒导管的热水储存容器，具有加热冷水和储备热水两种功能，热媒为蒸汽或热水，有卧式、立式之分，见图2-23。

容积式水加热器具有较大储存和调节能力，但体积庞大占空间，且热交换效率较低。

②半容积式水加热器。半容积式水加热器是带有适量储存与调节容积的内藏式容积式水加热器，由出热水管、内藏式快速换热器和内循环水泵三个主要部分组成，见图2-24。

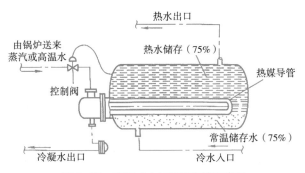

图2-23　容积式水加热器构造示意图

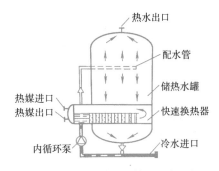

图2-24　半容积式水加热器构造示意图

半容积式水加热器体型小（比同样加热能力的容积式换热器可减少储热容积2/3）、加热快、换热充分、供水温度稳定、节水节能，但内循环泵需要有极高质量保证。

③快速式水加热器。快速式水加热器是热媒与被加热水通过较大速度的流动进行快速换热的一种间接加热设备。根据热媒不同，有汽 – 水和水 – 水两种类型，前者热媒为蒸汽，后者热媒为过热水，见图2-25。

快速式水加热器效率高、体积小、安装搬运方便，但不能储存热水，出水温度波动较大。其仅适用于用水量大且比较均匀的热水供应系统或建筑物热水供暖系统。

④半即热式水加热器。半即热式水加热器是带有超前控制，具有少量储存容积的快速式水加热器，见图2-26。

半即热式水加热器体积小、加热快，浮动盘管可自动除垢，热水出水温差小，适用于各种负荷需求的热水供应系统。

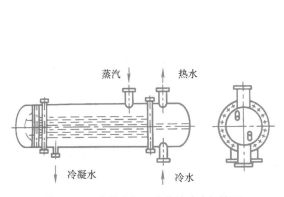

图2-25　多管式汽 – 水快速式水加热器

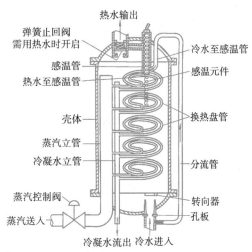

图2-26　半即热式水加热器构造示意图

⑤加热水箱。加热水箱是一种简单的热交换设备，在水箱中安装蒸汽多孔管或蒸汽喷射器，可构成直接加热水箱；在水箱内安装排管或盘管即可构成间接加热水箱。

加热水箱适用于公共浴室等用水量大而均匀的定时热水供应系统。

3）储热设备

储热设备即热水储热箱（罐）是一种专门调节热水量的容器，可以设置在用水不均匀的热水供应系统中，用以调节水量、稳定出水温度。

储热箱（罐）通常为闭式，可承受流体的压力。

3. 建筑饮水供应系统

建筑中的饮水供应系统主要包括开水供应系统、冷饮水供应系统和饮用净水供应（管道直饮水）系统三类。

一般办公楼、旅馆、学生宿舍、军营等多采用开水供应系统；工矿企业生产车间和大型公共集会场所如体育馆、展览馆、游泳场、车站、码头及公园等人员密集处，通常采用冷饮水供应系统；对饮用水水质要求较高的居住小区及高级住宅、别墅、商住办公楼、星级宾馆、学校及其他公共场所，则采用饮用水供应系统，即管道直饮水系统。

（1）开水供应系统

①开水制备。开水制备方式有集中制备和分散制备两种。

可以用开水炉、电热炉直接将自来水烧开制得开水，常采用的热源为燃油、燃气、蒸汽、电等。目前，在住宅、办公楼、科研楼、实验楼等建筑中，常采用小型的电开水器，灵活方便；也可采用饮水机，既可制备开水，也可制备冷饮水。

②开水供应。开水的供应方式主要有三种：开水集中制备分散供应，在开水间集中制备热水，人们用容器取水饮用，适用于机关、学校等建筑；开水集中制备管道输送供应，在开水间集中制备热水，通过管道输送至各饮用点；统一热源分散制备分散供应，将热媒送至建筑的各层制备点，在制备点（开水间）制备热水，以满足各楼层需要，适用于大型多层或高层建筑。

（2）冷饮水供应系统

①冷饮水的制备。为达到饮用标准，进入冷却设备的自来水先要经过预处理，进一步去掉杂质和消毒灭菌，常采用砂滤、紫外线消毒或活性炭吸附等方法。

②冷饮水的供应。冷饮水的供应方式主要有两种：一种供应方式是集中制备分散供应，适用于中、小学校以及体育场（馆）、车站、码头等人员流动较集中的公共场所。夏季不启用加热设备，预处理后的自来水经制冷设备冷却后降至要求水温，冬季冷饮水温度一般为35~40℃；另一种供应方式是集中制备管道输送。

（3）管道直饮水系统

管道直饮水系统是指原水经深度净化处理，通过管道输送，供人们直接饮用的供水系统。

①直饮水的制备。水的深度净化处理一般包括预处理、主处理和后处理三段净水工

艺，处理方法有机械处理、活性炭处理、膜处理、消毒处理等。

②管道直饮水的供应。管道直饮水供应系统通常包括供水水泵、循环水泵、供水管网、回水管网、消毒设备等。一般住宅、公寓每户仅考虑在厨房安装一个直饮水的配水龙头，其他公共建筑则根据需要设置饮水点。

4. 建筑排水系统

建筑排水系统的任务，就是将人们在日常生活和工业生产过程中使用过的、受污染的水以及降落到屋面的雨水和雪水收集起来，及时排至室外。

（1）排水系统的分类

①根据所排除污（废）水的性质，排水系统可分为生活排水系统、工业废水排水系统和建筑雨水排水系统。

②按水力状态，排水系统可分为重力流排水系统、压力流排水系统和真空排水系统。

③按通气方式，建筑内部排水系统分为单立管排水系统、双立管排水系统和三立管排水系统。

（2）排水系统的组成

建筑内部污（废）水排水系统一般由卫生器具和生产设备的受水器、排水管道、清通设备和通气系统组成，有时还需要设置污（废）水提升设备和局部处理构筑物，见图 2-27。

①卫生器具和生产设备受水器。其是接纳及排出人们日常生活或工业企业生产过程中产生的污（废）水或污物的容器或装置。

②排水管道。其将污（废）水及时迅速排出室外，包括器具排水管、横支管、立管、埋地干管和排出管。

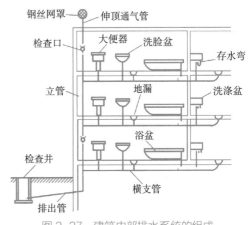

图 2-27 建筑内部排水系统的组成

③通气系统。其可以排出有毒有害气体，保证管道系统空气流通、压力稳定，包括伸顶通气管、专用通气管及专用附件。

④清通设备。其可以疏通管道，保障排水畅通，包括清扫口和检查口。

⑤提升设备。其可以提升排水的高程或使排水加压输送，包括各类污水泵、潜污泵等。

⑥污水局部处理构筑物。当室内污（废）水未经处理不允许直接排入城市排水系统或水体时需设置局部处理构筑物。常用的局部污水处理构筑物有化粪池、隔油井和降温池等。

5. 建筑中水系统及游泳池给水排水

（1）建筑中水系统

中水是指各种排水经处理后，达到规定的水质标准，可在生活、市政、环境等范围内杂用的非饮用水。中水系统由中水原水的收集、储存、处理和中水供给等工程设施组成,是建筑物或建筑小区的功能配套设施之一。

中水系统流程见图2-28。

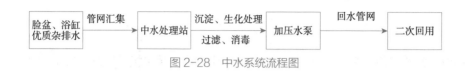

图2-28 中水系统流程图

①中水系统的组成。中水系统由中水原水系统、中水处理设施和中水供应系统三部分组成。

中水原水系统包括原水收集设施、输送管道系统和一些附属构筑物。

中水处理设施一般包括前处理设施、主要处理设施和深度处理设施。其中,前处理设施主要有格栅、滤网和调节池等;主要处理设施主要有沉淀池、混凝池、生物处理构筑物等;深度处理设施根据水质要求可采用过滤、活性炭吸附、膜分离或生物曝气池等。

中水供应系统包括供配水管网和升压贮水设施,如中水贮水池、高位水箱、泵站等。

②中水系统的控制监测。控制监测是中水处理系统安全运行的可靠保证,中水处理系统的控制监测主要包括以下方面:

卫生学指标。中水供应系统应设置监测仪表,以保证消毒剂的最低投加量和足够的反应时间,使中水回用水质满足卫生学指标要求。

水质指标的监测。在系统的原水管上和中水供水管上设置取样管,定期取样送检。经常性的监测项目包括主要指标的分析,如pH值、SS、COD、余氯等。

水量的计量与平衡。在系统的原水管上和中水供水管上设置计量装置,以保证水量平衡。

中水处理设备的运行控制。中水处理设备的控制方式有手动、半自动和自动三种,一般处理规模小于等于200m³/d时采用手动控制,处理规模大于200m³/d小于等于1000m³/d时采用半自动控制,处理规模大于1000m³/d时采用自动控制。运行控制监控的内容包括:水泵的启停、液位显示和报警、流量计量、水质检测等。

(2)游泳池给水排水

游泳池是供人们在水中以规定的各种姿势划水前进或进行活动的人工建造的水池;水上游乐池是供人们在水上或水中娱乐、休闲和健身的游乐设施。

①游泳池的水源、水质、水温

水源。游泳池和水上游乐池的初次充水、重新换水和正常使用中的补充水,均应采用城市生活饮用水;当采用城市生活饮用水不经济或困难时,公共使用游泳池和水上游乐池的初次充水、换水和补充水,可采用井水(含地热水)、泉水(含温泉水)或水库水,但水质应满足要求。

水质。游泳池或水上游乐池的初次充水和正常使用过程中的补充水质,游泳池或水上游乐池的饮水、淋浴用水等生活用水水质，应符合国家现行的《生活饮用水卫生标准》GB 5749—2022 的要求。

水温。游泳池和水上游乐池的池水设计水温，应根据使用性质、使用对象、用途等因素确定。池水设计水温要求见表 2-12。

游泳池和水上游乐池的池水设计水温 表 2-12

场所	温度要求	场所	温度要求
露天游泳池	26~28℃	露天水上游乐池	26~28℃
室内训练游泳池、宾馆内游泳池、公共游泳池、跳水池	26~28℃	造浪池、环流池、滑道池、休闲池	28~29℃
蹼泳池	不低于 23℃	儿童池、戏水池	28~30℃
按摩池	不高于 40℃	竞赛游泳池	25~27℃

②游泳池供水系统

游泳池的池水使用有定期换水、定期补水、直流供水、定期循环供水、连续循环供水等多种方式。由于水资源的宝贵，需要节约用水，游泳池水应尽量循环使用。游泳池水的循环方式有逆流式循环、混流式循环、顺流式循环等类型。

游泳池水需要经过预净化、过滤、加药和消毒处理，必要时还需要进行加热等过程后循环使用。

为减轻游泳池和水上游乐池池水的污染，游泳池还需要设置浸脚消毒池、强制淋浴、浸腰消毒池等洗净设施。

③游泳池排水系统

游泳池应设池岸排水装置，在池岸外侧沿看台或建筑墙设清洗池岸排水的排水槽。如有困难，可设置地漏排水，但不得使清洗池岸排水流入游泳池。

游泳池水循环系统流程见图 2-29。

图 2-29 游泳池水循环系统流程图

 任务实施

水是生命之源，建筑给水排水系统不仅给我们提供了生活舒适，还保障着建筑的安全。请你调研身边的一幢建筑物，有哪些与建筑给水排水相关的系统，它们分别是如何工作的？各类系统中都有哪些设施设备？请列表说明。

学习小结

本任务主要介绍了建筑给水排水系统。

（1）建筑给水系统一般由引入管、水表节点、管道系统、给水附件、加压和贮水设备等组成，给水系统中的设备主要是水泵、变频恒压供水设备、气压给水设备、贮水池、水箱等。

（2）建筑热水系统主要由热媒系统、热水系统、附件三部分组成，热水系统中的设备主要有加热设备、换热设备、储热设备等。

（3）建筑饮水供应系统包括开水供应、冷饮水供应和饮用净水供应三类。

（4）建筑排水系统一般由卫生器具、生产设备受水器、排水管道、清通设备、通气系统、污（废）水提升设备、局部处理构筑物组成。

（5）中水系统由中水原水系统、中水处理设施和中水供应系统三部分组成；游泳池的水源、水质、水温应符合相关规范要求。

任务 2.2.2　建筑给水排水系统运维

 任务引入

建筑给水排水系统，是保证建筑功能及安全的重要组成部分，对给水排水系统的科学运维是确保用水安全可靠、减少水资源浪费和环境污染的必要途径。

 知识与技能

1. 建筑给水排水系统的智慧运维

（1）给水排水系统智慧运维的意义

1）确保用水可靠性。通过水质检测及管道设备的在线管理，可以保证给水排水系统的正常运行和用水的安全可靠。

2）减少水资源浪费。通过对给水排水系统的全方位监测和管理，可以及时发现管道系统的堵塞、漏水、破裂等问题并采取措施，避免水资源的浪费。

3）延长寿命、提高安全性。定期检查及维护保养可以延长水系统的使用寿命，减少故障发生的可能性，提前排除隐患，降低维修成本，提高系统安全性。

4）提高工作效率。实时监测系统的运行状态、水位、压力等参数，异常情况自动发送报警通知给相关维护人员，可以有效提高工作效率。

（2）给水排水系统智慧运维工作内容

1）传感器的部署与安装

在建筑给水排水系统的关键位置安装传感器，如水位传感器、压力传感器、温度传感器等。这些传感器可以实时监测系统的各项参数。

2）数据采集与传输

利用物联网网关、数据采集器等数据采集设备，将传感器采集到的数据传输到智慧运维平台。

3）数据存储与处理

智慧运维平台接收并存储数据，平台可以使用实时数据库或云平台进行数据存储，并进行实时处理和分析。

4）异常监测与报警设置

设定建筑给水排水系统的正常工作范围和异常阈值，利用智慧运维平台的数据分析功能，当监测到数据超出设定的范围或达到异常阈值时，系统会触发报警机制。

5）报警通知与处理

一旦系统检测到异常并触发报警，智慧运维平台会自动发送报警通知给相关的维护人员，通知他们出现异常情况。报警通知可以通过短信、邮件、手机应用等形式进行发送。

6）远程查看与控制

智慧运维平台提供建筑给水排水系统的实时数据和状态，维护人员可以通过平台远程查看传感器数据、监测设备运行状态，并可进行远程操作控制，如开关阀门、调节水泵等。

7）数据记录与分析

智慧运维平台记录建筑给水排水系统的实时监测数据和报警记录，这些数据可以用于后续的故障分析、维护记录和系统性能评估。

8）维护优化和计划

通过数据分析和预测，平台可以根据设备的实际工作情况和预测的维护需求，生成优化的维护计划，包括设备维护时间表、零部件更换建议等。

9）可视化和报表生成

平台可以将数据分析结果进行可视化展示，并生成相应的报表和统计信息。通过可视化界面和报表，维护人员可以直观了解系统的运行情况和趋势，以便作出相应的决策和计划。

10）工单管理与任务分配

平台提供工单管理功能，维护人员可以创建新的工单并记录相关信息；维护主管或管理员可以通过平台将工单任务分配给具体的维护人员或团队并跟踪工单任务的执行状态，任务完成后形成维护记录和知识库，共享维护经验，提升工作效率。

2. 建筑给水排水系统运维平台

建筑给水排水系统运维平台的功能主要包括：管道监测、水质监测、给水排水系统管理等。

（1）管道监测

基于 BIM 的建筑给水排水系统运维平台可以对管道进行实时监测，包括压力、流量、温度等指标，并对异常情况进行预警，从而实现对给水排水系统的管道运行状态的监控和管理。

管道监测包括以下内容：

①管道数据管理：建立管道数据管理系统，通过 BIM 模型对管道进行数据管理和维护，包括管道的材料、规格、长度、连接方式、敷设深度等信息。同时可以实时更新管道运行状态数据，为管道维修和维护提供数据支持。

②管道运行状态监测：通过传感器等设备实时监测管道的运行状态，包括管道温度、流量、压力等参数，发现异常情况及时报警并记录日志。

③管道故障预警：利用数据分析和预测算法，对管道故障进行预警和预测，及时采取措施避免管道故障带来的损失。

④管道维护管理：建立管道维护管理系统，根据管道的材料和使用年限等因素，制定管道的维护计划，对管道进行定期维护和检修，提高管道的可靠性和安全性。

⑤管道数据分析：对管道运行状态数据进行分析，挖掘潜在问题和优化管道的运行模式，提高管道的效率和可靠性。

给水排水系统运维平台的管道监测功能见图 2-30。

对管道运行状态的实时监测、故障预警和维护管理，可以提高管道运行的可靠性和安全性；对管道数据的管理和分析，可以为管道维修和维护提供数据支持，提高管道运行效率和管理水平。

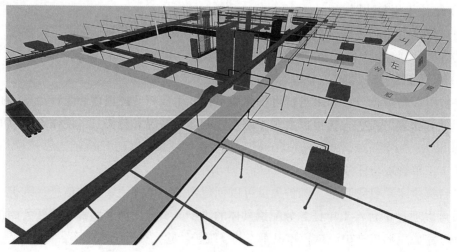

图 2-30　给水排水系统的管道监测功能

（2）水质监测

运维平台可以对建筑内部的自来水、污水进行水质监测，及时检测水质变化并对异常情况进行预警，从而确保水质符合相关标准。

水质监测包括以下内容：

①监测水源质量：对建筑物用水的来源，如水厂、自备井等水源的水质进行定期检测，确保水源的水质符合要求。

②监测建筑内部水质：对建筑内部的自来水、饮用水等进行监测，检测水中是否存在有害物质，如重金属、细菌、病毒等，以确保建筑内部的用水符合标准。

③监测排水水质：对建筑物内部的污水进行监测，检测污水中是否存在有害物质，如重金属、有机物等，以确保污水排放符合标准。

④监测水质变化：定期对建筑物内部水质进行监测，分析水质变化趋势，及时发现问题并采取相应措施。

⑤数据分析：对监测到的水质数据进行分析，形成分析报告，提供决策支持。同时，结合其他数据源，如用水量、排水量等，进行综合分析，为建筑物的用水管理提供参考。

建筑给水排水系统运维平台中的水质监测是保障建筑物用水安全和环境保护的重要组成部分，需要采用科学、严谨的监测方法，及时发现和解决问题，确保建筑物的用水符合标准。

（3）给水排水系统管理

运维平台可以对建筑给水排水系统进行管理，包括水压水质管理、污水处理、排污口管理等，以保证给水排水系统正常运行。

给水排水系统管理包括以下内容：

①给水排水管网状态监测：监测给排水管道的运行状态，包括管道内压力、水流量、水位等参数，及时发现管道堵塞、漏水、破裂等问题。

②水质监测：监测进水及排放污水的水质状况，及时发现水质问题并采取相应的处理措施。

③泵站运行监测：监测泵站的运行状态，包括泵站内部水泵的启停状态、水泵转速、电流、功率、水位等参数，及时发现泵站设备故障，提前进行维护保养。

④设备远程控制：通过远程控制设备运行，包括水泵、排水阀门等，实现远程控制排水系统的运行，实现对排水系统的远程操作和调节。

⑤系统数据分析：对管网运行数据进行收集、处理和分析，对管网运行状态进行评估和预测，为给水排水系统的优化管理提供决策支持。

⑥管道清洗管理：对给水排水管道进行清洗管理，定期进行清洗和检查，保证管道畅通无阻，减少管道堵塞和漏水的风险。

⑦管道维护管理：对给水排水管道进行维护管理，包括对管道进行检修、更换和加固等工作，保障管道的正常运行和使用寿命。

给水排水系统管理功能见图 2-31。

设备名称	请输入		设备编号	请输入				查询	重置
设备状态	全部 ▼								

新增设备

序号	设备编号	设备名称	所属楼层	累计用量(m³) ⇵	设备状态	操作
1	waterMet...	12F楼层水...	12F	726	在线	编辑 删除
2	waterMet...	15F楼层水...	15F	272	在线	编辑 删除
3	waterMet...	20F楼层水...	20F	508	在线	编辑 删除
4	waterMet...	6F楼层水表	6F	988	在线	编辑 删除
5	waterMet...	8F楼层水表	8F	525	在线	编辑 删除

图2-31 给水排水系统管理功能

除以上外，建筑给水排水系统运维平台还可以实现数据分析、远程操作、维护管理等功能，从而实现对建筑内部给水排水系统进行全方位的监测和管理，提高运维效率，降低运营成本，保证建筑物的正常运行和安全。

应用案例

1. 项目给水排水系统概况

某大厦作为商业办公楼，在给水管道上安装水表和传感器，用于测量和监测水量的使用情况。每个楼层及特殊区域可以安装独立的水表，以便更精确地监测每个区域的水量消耗情况，通过平台，将水表和传感器的数据进行实时采集和监测。平台可以收集每个水表的水量数据，并通过数据分析和可视化工具将其显示在用户界面上。用户可以实时查看每个区域的水量使用情况，包括总消耗量、峰值使用时段、每日、每周或每月的使用趋势等，实现对整个楼宇的用水情况进行动态监测感知。

2. 给水排水系统运维情况

利用数字信息技术，通过设备的三维展示界面，对建筑内部的给水排水系统进行全方位的监测和管理，实现系统运行状态的实时监测、故障预警和维护管理，从而提高系统的可靠性和安全性。同时，通过对监测数据的管理和分析，为系统维修和维护提供数据支持，提高系统的运行效率和管理水平，保证建筑物的正常运行和安全。给水排水系统运维情况见图 2-32。

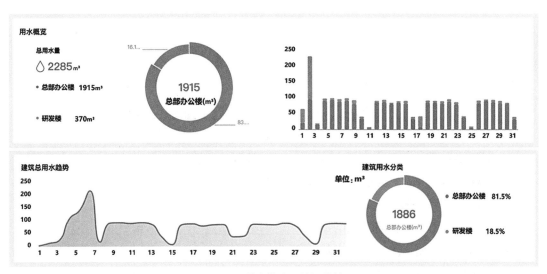

图 2-32 给水排水系统运维情况

任务实施

建筑给水排水系统是保证建筑功能及安全的重要组成部分，给水排水系统的维护与管理，直接关系到建筑的使用寿命与人们的生活质量。请调研你所在的学校或居住小区，有关给水排水系统的运维有哪些？

学习小结

本任务主要介绍了建筑给水排水系统的运维。

（1）给水排水系统智慧运维的意义在于确保用水可靠性、减少水资源浪费、延长寿命及提高安全性、提高工作效率。

（2）建筑给水排水系统运维平台的功能主要包括：管道监测、水质监测、给水排水系统管理等。

<h2 style="text-align:center">知识拓展</h2>

码 2-3 变频恒压供水设备   码 2-4 给水排水管网的优化设计

习题与思考

1. 单选题

（1）给水系统中的引入管是（　　　）与用户给水管道间的连接管。

A. 城市给水管　　　　　　　　　　B. 街道给水管

C. 小区给水管　　　　　　　　　　D. 社区给水管

（2）集中热水供应系统适用下列哪种情况的供水？（　　　）

A. 用量小且较分散的建筑

B. 供水范围小，但耗热量大的建筑

C. 耗热量大，用水点多而集中的建筑

D. 用于城市片区、居住小区的整个建筑群

（3）管道运行状态监测时通过（　　　）等设备实时监测管道的运行状态，包括管道温度、流量、压力等参数，发现异常情况及时报警并记录日志。

A. 微型机器人　　　　　　　　　　B. 摄像头

C. 摄像机　　　　　　　　　　　　D. 传感器

2. 填空题

（1）建筑内部给水系统一般由_____、_____、_____、_____、加压和贮水设备、给水局部处理设施组成。

（2）建筑热水供应系统主要由_____、_____、_____三部分组成。

（3）冬季冷饮水的供应温度一般为 _____℃。

（4）排水系统清通设备主要有_____和_____。

（5）中水系统由_____、_____、_____三部分组成。

3. 简答题

（1）建筑给水系统中主要有哪些设施设备？

（2）游泳池系统需要设置哪些洗净设施？

（3）给水排水系统运维平台主要有哪些功能？

码 2-5　项目 2.2 习题与思考参考答案

项目 2.3　建筑供配电、照明和电梯系统

教学目标 📖

一、知识目标

1. 熟悉供配电、照明、电梯系统的主要设施设备；

2. 掌握供配电、照明和电梯系统运维管理的主要内容与工作流程。

二、能力目标

1. 会使用平台对供配电、照明和电梯系统进行日常管理；

2. 会使用平台对供配电、照明和电梯系统进行故障排查。

三、素养目标

1. 具有安全意识，及独立思考解决问题的能力；

2. 能准确表达自己思想，具备安全及正确的用电素养。

学习任务 🗔

　　了解供配电、照明和电梯系统运维管理的工作内容与流程，能够熟练操作运维平台，实现对供配电、照明和电梯系统的运行控制和维护管理。

建议学时 ⊹

　　8 学时

思维导图

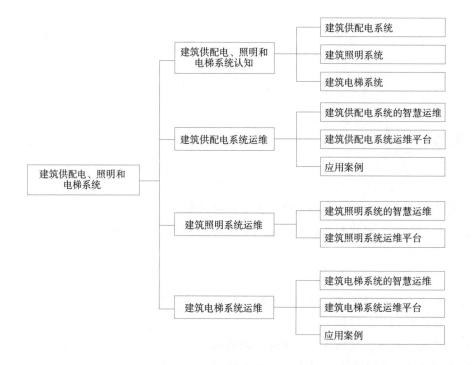

任务 2.3.1　建筑供配电、照明和电梯系统认知

任务引入

建筑供配电、照明和电梯系统，是建筑的重要组成部分，为人们的生活和工作提供安全保障和便利舒适的环境。

知识与技能

1. 建筑供配电系统

（1）电力系统的构成

电力系统就是由各种电压等级的输电线路将发电厂、变电所和电力用户联系起来的一个发电、输电、变电、配电和用电的整体，如图 2-33 所示。

1）电力网或电网

电力系统中各电压等级的电力线路及其联系的变电所称为电力网或电网。电网通常分为输电网和配电网两大部分。由 35kV 及以上的输电线路和与其相连接的变电所组成的

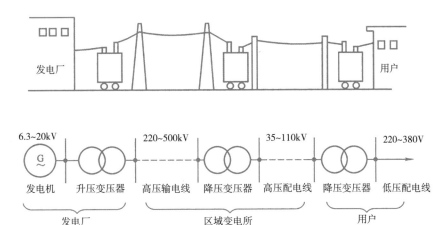

图 2-33 电力系统示意图

称为输电网，其作用是将电力输送到各个地区或直接供电给大型用户。35kV 以下的输电线路称为配电网，其作用是直接供电给用户。

2）变电所

将来自电网的电源经变压器变换成另一电压等级后，再由配电线路送至各变电所或直接供给各用电负荷的电能供配电场所称为变配电所，简称变电所。

3）配电所

引入电源不经过电力变压器变换，直接以同级电压重新分配给各变电所或供给各用电设备的电能供配场所称为配电所。

建筑中由于安装了大量的用电设备，电能消耗量大，为了接受和使用来自电网的电能，内部需要一个供配电系统，该系统由高压供电系统、低压配电系统、变配电所和用电设备组成。通常对大型建筑或建筑小区，电源进线电压多采用 10kV，电能先经过高压配电所，再由高压配电所将电能分送给各终端变电所。经配电变压器将 10kV 高压降为一般用电设备所需的电压（220/380V），然后由低压配电线路将电能分送给各用电设备使用。

（2）智慧建筑供配电系统

1）智慧建筑的负荷等级划分

现代建筑用电设备多、负荷大、对供电的可靠性要求高，因此应对负荷进行分析，合理、准确地划分负荷等级，以便组织供配电系统，做到供电合理，不造成浪费，或减少投资。负荷等级的划分标准如下：

①一级负荷。中断供电将造成人身伤亡者；中断供电将造成重大的政治影响者；中断供电将造成重大的经济损失者；中断供电将造成公共场所的秩序严重混乱者。

②二级负荷。中断供电将造成较大政治影响者；中断供电将造成较大经济损失者；中断供电将造成公共场所的秩序混乱者。

③三级负荷。凡不属于一级和二级的负荷。

2）智慧建筑用电设备分类

智能建筑的用电设备很多，根据用电设备的功能可将其分为三类，即：保安型、保障型和一般型。

①保安型。保证大楼内人身安全及智能化设备安全、可靠运行的负荷。这类负荷有：消防负荷、通信及监控管理用计算机系统等用电负荷。

②保障型。保障大楼运行的基本设备负荷。这些负荷有：主要工作区的照明、插座、生活水泵、电梯等。

③一般型。除上述负荷以外的负荷，如：一般的电力、照明、暖通空调设备、冷水机组、锅炉等。

3）智慧建筑供配电系统的特点

① 由于用电量大，一般供电电压都采用 10kV 标准电压等级，有时也可采用 35kV，变压器装机容量大于 5000kVA，并设内部变配电所。

② 按照《建筑设计防火规范》GB 50016—2014（2018 年版）的有关要求，为了确保智能建筑消防设施和其他重要负荷用电，智能高层建筑一般要求两路或两路以上独立电源供电，当其中一个电源发生故障时，另一个电源应能自动投入运行，不至同时受到损坏。另外，还须装设应急备用柴油发电机组，要求在 15 秒钟内自动恢复供电，保证事故中照明、电脑设备、消防设备、电梯等设备的用电。

③ 高层建筑的用电负荷一般可分为空调、动力、照明等。动力负荷主要指电梯、水泵、排烟风机、洗衣机等设备负荷。普通建筑的动力负荷都比较小，且一般大部分放在建筑物的底部，因此变压器一般也都设置在建筑物的底部。但是随着建筑高度的增加，在超高层建筑中，电梯设备较多，电梯负荷随之增大，此类负荷大部分集中于大楼顶部。水泵容量也随着建筑的高度增大，竖向中段层数较多，通常设有分区电梯和中间泵站。在这种情况下，为了减少变配电系统的电能损失，采用变压器深入负荷中心的方式，宜将变压器按上、下层配置或者按上、中、下层分别配置，变压器进入楼内而且上楼。供电变压器的供电范围大约为 15~20 层。

④ 由于供电深入负荷中心，变压器进入楼内，为了防火的需要，不能采用一般的油浸式变压器和油断路器等，因为其属于在事故情况下能引起火灾的电气设备，而应采用干式变压器和真空断路器。

2. 建筑照明系统

电气照明系统是建筑物的重要组成部分之一。照明的基本功能是保证安全生产、提高劳动效率、保护视力健康和创造一个良好的人工视觉环境。在一般情况下照明是指以"明视条件"为主的功能性照明。在那些突出建筑艺术效果的厅堂内，照明的装饰功能加强，成为以装饰为主的艺术性照明。因此照明设计的优劣除了影响建筑物的功能外，还直接影响建筑的艺术效果。

照明系统由照明装置及其电气设备组成。照明装置主要是指灯具，照明电气设备包括电光源、照明开关、照明线路及照明配电箱等。

（1）照明方式和种类

1）照明方式

照明方式通常有以下几种：

① 一般照明。为照亮整个场所而设置的均匀照明为一般照明。

② 分区一般照明。同一场所的不同区域有不同照度要求，为照亮工作场所中某个特定区域而设置的均匀照明为分区一般照明。

③ 局部照明。满足特定视觉工作、为照亮某个局部而设置的均匀照明为局部照明。

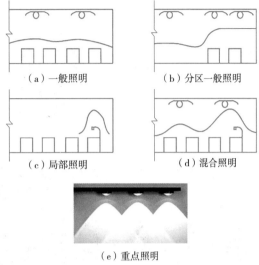

（a）一般照明 （b）分区一般照明

（c）局部照明 （d）混合照明

（e）重点照明

图 2-34 照明方式

④ 混合照明。作业面照度要求较高，只采用一般照明不合理，则由一般照明与局部照明组成混合照明。

⑤ 重点照明。当需要提高特定区域或目标的照度时，宜采用重点照明。

各类照明方式见图 2-34。

2）照明种类

照明种类有以下几种：

① 正常照明。室内工作及相关辅助场所在正常情况下使用的照明为正常照明。

② 应急照明。因正常照明的电源失效而启用的照明为应急照明，应急照明包括疏散照明、安全照明和备用照明。

备用照明是指用于确保正常活动继续或暂时继续进行的应急照明；

安全照明是指用于确保处于潜在危险之中的人员安全的应急照明；

疏散照明是指用于确保疏散通道被有效地辨认和使用的应急照明。

③ 值班照明。在夜间非工作时间值守或巡视的场所设置的照明为值班照明。

④ 警卫照明。需警戒的场所，根据警戒范围的要求安装的照明为警卫照明。

⑤ 障碍照明。在可能危及航行安全的建筑物或构筑物上安装的标识照明。

照明种类见图 2-35。

（2）照明系统的控制方式

1）传统照明控制方式

传统照明控制方式包括开关控制和调光控制两个方面。

调光控制包括连续的调光控制（被控光源的光通量可连续的变化）和不连续的调光控制（被控光源的光通量只能在若干固定的预设值之间变化）。

对于白炽灯等热辐射光源，既可以实现开关控制，也可以实现调光控制，只需调节

（a）机房的备用照明（应急）　　（b）手术室的安全照明（应急）　　（c）楼梯间的疏散照明（应急）

（d）值班照明　　　　　　　　　（e）警卫照明　　　　　　　　　（f）障碍照明

图 2-35　照明种类

供给光源的供电电压即可调节光通量的输出。而对荧光灯等气体放电光源，实现调光控制比较困难，不能简单地控制供给光源的供电电压，必须配备适应具体气体放电光源的匹配镇流器。通过控制镇流器的输出电压的频率和电压来调节光源的光通量输出。

目前传统照明开关控制方式主要有跷板开关控制、断路器控制、定时控制、光电感应开关控制等方式。其中跷板开关控制是应用最广的一种控制方式，可进行单控、双控、多控等不同形式的照明控制。

2）照明自动控制方式

合理的照明控制可以达到舒适照明和节能的双重目的。从照明控制的角度看，照明控制包括开 / 关控制和多级、无级调节两大类。开 / 关控制主要负责控制某个回路或某个照明子系统的启 / 停，这部分控制一般由楼宇自控系统的照明设备监控子系统直接控制完成；多级、无级调节主要控制部分区域的照明效果，如泛光照明的艺术效果、会场照明的各种明暗效果等，这类控制一般由专用的控制器或控制系统完成，专用的控制器或控制系统可以独立运行，也可以通过接口接受照明设备监控系统的部分指令。照明设备的控制包括以下几种典型模式。

① 时间表控制模式。这是照明控制中最常用的控制模式，工作人员预先在上位机编制运行时间表，并下载至相应控制器，控制器根据时间表对相应照明设备进行启 / 停控制。时间表中可以随时插入临时任务，如某单位的加班任务等，临时任务的优先级高于正常时间配置，且一次有效，执行后自动恢复至正常时间配置的安排。

② 情景切换控制模式。在这种模式中，工作人员预先编写好几种常用场合下的照明方式，并下载至相应控制器。控制器读取现场情景，切换按钮状态或远程系统情景设置，并根据读入信号切换至对应的照明模式。

③ 动态控制模式。这种模式往往和一些传感器设备配合使用。如根据照度自动调节的照明系统中需要有照度传感器，控制器根据照度反馈自动控制相应区域照明系统的启/停或照明亮度。又如有些走道可以根据相应的声感、红外感应等传感器判别是否有人经过，借以控制相应照明系统的启/停等。

④ 远程强制控制模式。除了以上自动控制方式外，工作人员也可以在工作站远程对固定区域的照明系统进行强制控制，远程设置其照明状态。

⑤ 联动控制模式。联动控制模式是指由某一联动信号触发的相应区域照明系统的控制变化。如火警信号的输入、正常照明系统的故障信号输入等均属于联动信号。当它们的状态发生变化时，将触发相应照明区域的一系列联动动作，如逃生诱导灯的启动、应急照明系统的切换等。

以上各种控制模式之间并不相互排斥，在同一区域的照明控制中往往可以配合使用。当然，这就需要处理好各模式之间的切换或优先级关系。以走廊照明系统为例，可以采用时间表控制、远程强制控制及联动控制三种模式相结合的控制方式。其中，远程强制控制的优先级高于时间表控制，联动控制的优先级高于强制远程控制。正常情况下，走道照明按预设时间表进行控制；如有特殊需要可远程强制控制某一区域的走道照明启/停；当某区域安保系统发生报警时，自动打开相应区域走道的全部照明，以便用闭路电视监控系统察看情况。

（3）智慧照明智能控制的优点

1）提高照明质量，改善工作环境

智慧照明控制系统采用智能调光，能控制改善照明质量，创造健康、舒适的工作环境。

2）保护灯具、延长灯具寿命

智慧照明控制系统是一个完善的工作保护体系，能适应电源电压、频率的变化，成功地抑制电网的浪涌电压、电磁干扰等各种电压冲击，改善电源电压输出波形，使灯具不会因电压过高而过早损坏。同时，系统中的灯具大部分时间工作在低电压调光状态，这种长时间低电压工作状态能大幅度延长灯具寿命，有效降低照明系统的运行费用。

3）节约能源，提高管理水平，减少系统运行费用

智慧照明控制系统能利用智能传感器适应室外光线的亮度，自动调节灯具的亮度，以保持室内照度的一致性，即室外自然光线强，室内灯光自动调弱；室外自然光线弱，室内灯光自动变强，以充分利用室外的自然光，既创造了最佳的工作环境，又能达到节能的效果。同时，它还能利用时钟管理器根据不同日期、不同时间按照各个功能区的运行状况预先设定的照度设置，来控制各个区域照明灯具的启闭，保证照明系统只有在必需的时候才把灯具点亮或点亮到某种亮度，以利用最经济的能耗提供最舒适的照明环境。

4）友好的图形监控软件

智慧照明控制系统具有现代控制技术的特点，配置微型计算机和专门的控制管理软件。管理员可在中央控制室通过微机监视、控制各照明子系统上各类器件的工作状态，

同时可修改或重新设置各类器件的参数，对整个大楼的照明系统进行图形化的管理操作。此外，系统还可通过微机与建筑设备自动化系统连接。通过调制解调器联入远程维护中心，实现对整个系统远程维护。

5）系统扩展灵活，应用范围广

系统的各功能模块都挂于一个控制总线上，这种系统可大可小，便于扩充。小系统可只由一个调光模块（或一个开关模块）和几个控制面板组成，用于一个会议室、一座别墅或一个家庭的灯光控制。复杂的系统可配置计算机监控中心，这个监控中心可与智慧建筑的中央控制室合用，实现就地控制和集中控制的良好结合。

3. 建筑电梯系统

（1）电梯系统的分类

电梯是建筑中的垂直交通工具。电梯包括普通客梯、消防电梯、观光梯、货梯以及自动扶梯等。电梯由轿厢、曳引机构、导轨、对重、安全装置和控制系统组成。对电梯系统的要求是：安全可靠，启、制动平稳，感觉舒适，平层准确，候梯时间短，节约能源。在智慧建筑中，对电梯的启动加速、制动减速、正反向运行、调速精度、调速范围和动态响应等都提出了更高的要求。因此，电梯系统通常自带计算机控制系统，并且应留有相应的通信接口，用于与建筑设备自动化系统进行监测状态和数据信息的交换。

1）按用途分类

①乘客电梯：为运送乘客设计的电梯，要求有完善的安全设施以及一定的轿内装饰。

②载货电梯：主要为运送货物而设计，通常有人伴随的电梯。

③医用电梯：为运送病床、担架、医用车而设计的电梯，轿厢具有长而窄的特点。

④杂物电梯：供图书馆、办公楼、饭店运送图书、文件、食品等设计的电梯。

⑤观光电梯：轿厢壁透明，供乘客观光用的电梯。

⑥车辆电梯：用作装运车辆的电梯。

⑦船舶电梯：船舶上使用的电梯。

⑧建筑施工电梯：建筑施工与维修用的电梯。

⑨其他类型的电梯：除上述常用电梯外，还有些特殊用途的电梯，如冷库电梯、防爆电梯、矿井电梯、电站电梯、消防员用电梯等。

2）按驱动方式分类

①交流电梯：即用交流感应电动机作为驱动力的电梯。根据拖动方式又可分为交流单速、交流双速、交流调压调速、交流变压变频调速等。

②直流电梯：即用直流电动机作为驱动力的电梯。这类电梯的额定速度一般在2.00m/s以上。

③液压电梯：一般利用电动泵驱动液体流动，由柱塞使轿厢升降的电梯。

④齿轮齿条电梯：将导轨加工成齿条，轿厢装上与齿条啮合的齿轮，电动机带动齿轮旋转使轿厢升降的电梯。

⑤螺杆式电梯：将直顶式电梯的柱塞加工成矩形螺纹，再将带有推力轴承的大螺母安装于油缸顶，然后通过电机经减速机（或皮带）带动螺母旋转，从而使螺杆顶升轿厢上升或下降的电梯。

⑥直线电机驱动的电梯：其动力源是直线电机。

3）按速度分类

①低速梯：指速度低于 1.00m/s 的电梯。

②中速梯：指速度在 1.00~2.00m/s 的电梯。

③高速梯：指速度大于 2.00m/s 的电梯。

④超高速梯：指速度大于 6.00m/s 的电梯。

4）按电梯有无司机分类

①有司机电梯：电梯的运行方式由专职司机操纵来完成。

②无司机电梯：乘客进入电梯轿厢，按下操纵盘上所需要去的层楼按钮，电梯自动运行到达目的层楼，这类电梯一般具有集选功能。

③有/无司机电梯：这类电梯可变换控制电路，平时由乘客操纵，如遇客流量大或必要时改由司机操纵。

5）按操纵控制方式分类

①手柄开关操纵：电梯司机在轿厢内控制操纵盘手柄开关，实现电梯的启动、上升、下降、平层、停止的运行状态。

②按钮控制电梯：其是一种简单的自动控制电梯，具有自动平层功能，常见有轿外按钮控制、轿内按钮控制两种控制方式。

③信号控制电梯：这是一种自动控制程度较高的有司机电梯。除具有自动平层、自动开门功能外，尚具有轿厢命令登记，层站召唤登记，自动停层，顺向截停和自动换向等功能。

④集选控制电梯：其是一种在信号控制基础上发展起来的全自动控制的电梯，与信号控制电梯的主要区别在于能实现无司机操纵。

⑤并联控制电梯：其是将 2~3 台电梯的控制线路并联起来进行逻辑控制，共用层站外召唤按钮，电梯本身都具有集选功能。

⑥群控电梯：其是用微机控制和统一调度多台集中并列的电梯。群控有梯群的程序控制、梯群智能控制等形式。

6）特殊电梯

①斜行电梯：轿厢在倾斜的井道中沿着倾斜的导轨运行，是集观光和运输于一体的输送设备。由于土地紧张而将住宅移至山区后，斜行电梯发展迅速。

②立体停车场用电梯：根据不同的停车场可选配不同类型的电梯。

③建筑施工电梯：是一种采用齿轮齿条啮合方式（包括销齿传动与链传动，或采用钢丝绳提升），使吊笼作垂直或倾斜运动的机械，用以输送人员或物料，主要应用于建筑施工与维修。它还可以作为仓库、码头、船坞、高塔、高烟囱的长期使用的垂直运输机械。

（2）电梯的控制功能

1）呼梯功能；

2）轿内指令功能；

3）选层、定向功能；

4）减速、平层功能；

5）指示功能；

6）保护功能。

 任务实施

建筑供配电、照明和电梯系统，是建筑的重要组成部分，为我们的生活和工作提供安全保障和便利舒适的环境。请你通过知识学习、文献查阅以及各类形式的调研，以某一具体建筑为例，总结归纳该建筑的供配电系统、照明系统和电梯系统都有哪些具体设备，以表格形式列出。

 学习小结

本任务主要介绍了建筑供配电、照明和电梯系统。现代建筑尤其是大型或高层建筑的正常使用，离不开供配电、照明和电梯系统的正常运行。

（1）建筑供配电系统由电网、变电所、配电所组成；智慧建筑用电设备通常包括保安型、保障型和一般型三类。

（2）照明系统由照明装置及其电气设备组成，其中照明装置主要指灯具，电气设备包括电光源、照明开关、照明线路及照明配电箱。

（3）电梯是建筑中的垂直交通工具，电梯的控制功能主要有呼梯、轿内指令、选层及定向、减速及平层、指示和保护功能。

任务 2.3.2　建筑供配电系统运维

 任务引入

建筑供配电系统是电力系统的重要组成部分，涉及电力系统的电能配送与使用。运用现代化的管理方式和先进的技术，对建筑供配电系统进行运行维护，确保系统正常、安全运行，显得十分重要。

知识与技能

1. 建筑供配电系统的智慧运维

（1）供配电系统智慧运维的意义

供配电系统直接面向用电设备及其使用者，因此供电、用电的安全性尤显重要。建筑供配电系统的运维，是对建筑中的供电设施设备进行管理和服务，以保证建筑供配电系统的安全运行，给人们提供一个良好的生活环境。

建筑供配电系统运维的目的在于：

1）安全可靠

供配电系统必须保证电能的安全可靠供应，能够满足用户对电能质量、电压稳定性、容量等方面的要求。

2）高效节能

供配电系统应当具有高效节能的特点，能够保证在满足用户需求的前提下，尽可能地减少能源消耗。

3）灵活可控

供配电系统应当具有灵活可控的特点，能够满足不同用户的需求，同时能够实现对电能的精细控制和管理。

4）智能化管理

供配电系统应当具备智能化管理的能力，能够实现对电网设备的远程监测、故障诊断、预测维护等功能，提高供配电系统的运行效率和稳定性。

5）可持续发展

供配电系统应当具备可持续发展的特点，能够充分利用可再生能源，减少对传统能源的依赖，同时能够循环利用电网中的资源和能源，实现电网的可持续发展。

（2）供配电系统智慧运维工作内容

1）变配电所的运行维护

变配电设备的正常运行，是保证变配电所安全、可靠和经济供配电的关键所在。电气设备的运行维护工作，是运维人员日常最重要的工作。通过对变配电设备的缺陷和异常情况的监视，及时发现设备运行中出现的缺陷、异常情况和故障，及早采取相应措施防止事故的发生和扩大，从而保证变配电所能够安全、可靠地供电。

2）供配电线路的运行维护

供配电线路主要包括架空线路、电缆线路、配电线路。建筑中的线路维护主要是指配电线路的维护，具体包括检查线路负荷是否在允许范围内，检查配电箱、开关电器、熔断器、二次回路仪表等的运行情况，检查设备接地情况等工作。

3）倒闸操作

倒闸操作是指将设备由一种状态转变为另一种状态的操作，电器设备的状态包括运行状态、检修状态和备用状态,其中备用状态有热备用状态和冷备用状态两种。

4)电力节能

我国用电形势严峻,尤其是我国仍以高污染的火力发电为主,电力节能对减少污染物排放,提高能源利用率具有重要意义。节约电能的基本措施主要有以下几方面:

① 加强管理、计划用电;

② 采用新技术、新设备;

③ 改造设备;

④ 实现经济运行;

⑤ 无功补偿,提高功率因数。

2. 建筑供配电系统运维平台

建筑供配电系统运维平台的功能主要包括运行状态监控、远程控制、历史记录、数据分析、故障诊断与报警、事件管理及安全策略管理等。

(1)运行状态监控

运行状态监控是对供配电系统的运行状态进行实时监控,反馈各项指标的变化情况,方便运维人员及时发现和解决问题,保证供配电系统的稳定运行。运行状态监控包括监控对象、监控指标、监控方式三方面。

1)监控对象

供配电系统运维平台的监控对象主要包括配电室内电气设备、发电机组、高压开关柜、环境监测设备、安防设备,每个监控对象都有自己的运行状态和指标,具体见表2-13。

供配电系统运维平台监控对象 表2-13

监控对象	观测点	考察点	具体指标
电气设备	电力变压器、电压互感器、电流互感器、变流设备、电表等电气设备的运行状态	系统的电能质量、电路安全、能耗情况	电流、电压、功率、用电量等
发电机组	柴油机和发电机设备的温升监测	系统设备温度变化情况	温度
高压开关柜	高压开关柜接点温升监测/柜内环境监测	系统设备温度湿度变化情况	温度、湿度
环境监测设备	配电室内部空调、除湿机、风机、烟感探测、噪声探测、水泵设备的运行状态;电缆竖井的温升监测	系统运行所在环境的整体情况	温度、湿度、噪声、烟雾、水位等
安防设备	配电室门口红外探测、智能门禁、摄像头设备	系统所在环境的安全情况	视频监控、门禁信息

2)监控指标

供配电系统运维平台的监控指标主要有电流、电压、功率、温度和湿度等,具体见表2-14。

供配电系统运维平台监控指标 表 2-14

监控指标	具体内容	考察点
电流	电气设备电流等	供配电系统的电路安全和稳定运行情况
电压	电气设备电压等	
功率	电气设备功率等	供配电系统的电路负载情况
能耗	供配电系统的能耗情况,如电能消耗量、热能消耗量等	供配电系统的能效特性和运行成本
温度	配电室室内温度、变压器接点/本体温度、发电机组设备温度、高压开关柜接点/本体温度等	供配电系统所在配电室的温度和设备升温情况
湿度	配电室室内湿度、高压开关柜湿度等	配电室内空调系统的除湿效果和运行情况
噪声	配电室室内噪声	供配电系统所在配电室的环境情况
烟雾	配电室室内烟雾	
视频监控	配电室室内视频监控	供配电系统所在配电室的安全情况
门禁信息	配电室门禁开关状态、出入记录等	

3)监控方式

供配电系统运维平台的监控方式包括实时监控、远程监控、报警监控、历史记录等,具体见表 2-15。

供配电系统运维平台监控方式 表 2-15

监控方式	具体内容	作用
实时监控	运维系统平台可以在供配电系统中安装传感器和数据采集设备,实时采集各项指标数据,并及时反馈到运维系统平台上	通过实时监控,运维人员可以随时掌握供配电系统的运行状况,及时处理问题,确保系统的稳定运行
远程监控	运维系统平台可以通过云端技术和物联网技术,实现对供配电系统的远程监控。运维人员可通过远程终端设备,实时查看供配电系统的运行状态,进行远程诊断和管理	该方式能大幅提高运维人员的工作效率,降低系统的运维成本
报警监控	运维系统平台可以通过设定报警阈值,对供配电系统各项指标进行监控。当指标超过或低于设定阈值时,平台会自动发出报警信息	该方式可以有效降低故障响应时间,提高供配电系统的可靠性和稳定性
历史记录	运维系统平台可以将供配电系统的各项指标数据存储在数据库中,形成历史记录。运维人员可以通过查询历史记录,查找过去的故障信息和解决方案,为未来的维护工作提供参考	该方式可以提高运维人员的工作效率,降低系统的维护成本

(2)远程控制

平台可以智能控制配电设备,合理分配用电负荷,提高设备的安全性和稳定性,避免因用电问题导致的设备故障和安全事故的发生。通过远程操作界面,对电力系统进行协调控制或排除故障。例如,达到关断和开启线路、变压器、容抗器等设备的目的。

(3)历史记录

该模块负责存储配电房内部所有动力设备的运行参数和故障诊断结果记录,方便查询和分析。

(4)数据分析

根据历史数据,分析供配电系统的各种参数,例如电流、电压、功率、温度和湿度等数据,并生成报告、趋势图表,以便评估系统运行质量和作出相应的改进措施。

（5）故障诊断与报警

根据收集到的数据，对配电房内部的动力设备进行故障诊断。当发生系统故障或者异常时，自动发送告警邮件或短信给相关人员，方便处理故障。

（6）事件管理功能

事件管理功能用于追踪发生在供电系统中的各种事件，例如突发故障、停电、电网负荷过载等。该功能可以自动识别可能导致更大问题的情况，使运维人员能够采取预防措施，以确保系统可靠性。

（7）安全策略管理

平台采用多重安全措施保障数据的安全性和可靠性，包括数据加密、访问控制、口令管理、审计特性等，管理员可制定一定的策略，限制操作权限，防止不合适操作造成损失。

应用案例

1. 案例概况

某大型工业园区引入了供配电三维可视化系统，以实现对供配电设备和网络的全面监控，提高供配电系统的运行效率和管理水平。

2. 供配电系统运维情况

供配电三维可视化系统以三维模型的方式展示供配电设备和网络，使运维人员能够直观地了解系统结构和设备状态，便于沟通和协作。

供配电系统运维情况见图 2-36。

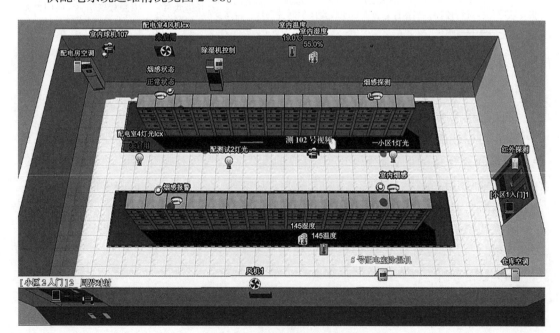

图 2-36　供配电系统运维情况

任务实施

为确保用电设备的正常运行，必须保证供电的可靠性。请你通过知识学习、文献查阅以及各类形式的调研，总结归纳供配电系统的日常监测指标有哪些？

 学习小结

本任务主要介绍了建筑供配电运维系统。供配电的安全可靠性决定着建筑内用电设备能否正常使用，同时，电力供应管理和设备节电运行也离不开供配电等系统的监控管理。

（1）建筑供配电系统的智慧运维的意义在于安全可靠、高效节能、灵活可控、智能化管理及可持续发展。供配电系统的运维主要包括变配电所及供配电线路的运行维护等。

（2）建筑供配电系统运维平台的功能主要包括运行状态监控、远程控制、历史记录、数据分析、故障诊断与报警、事件管理及安全策略管理等。

任务 2.3.3　建筑照明系统运维

 任务引入

建筑照明系统为人们提供了良好的光环境，对照明系统进行智慧运维，不仅可以创造更好的视觉环境，还可以最大限度地降低能源支出，减少建筑能耗。

 知识与技能

1. 建筑照明系统的智慧运维

（1）照明系统智慧运维的意义

智慧照明系统，是物联网、移动互联网、云计算等多种技术交互发展的产物，通过检测感知设备，利用无线通信技术，构建对照明系统的实时监测、控制系统，实现照明的节能科学化、监测可视化、决策智能化。

建筑照明系统运维的目的在于：

1）智能调光

智能照明系统可以根据时间、环境光线和人体运动等因素自动调节灯光。

2）高效节能

智能照明系统可以通过智能控制灯光，最大限度地减少能源浪费。

3）提高环境质量

智能照明系统通过调节灯光亮度和色温，改善环境质量，使空间更加舒适；通过灵活的照明控制，提高工作效率，减少工作中的眼疲劳；通过智能控制灯光，增强空间的安全性。

（2）照明系统运维工作内容

照明系统日常维护工作，是使整个照明系统经常处于良好的工作状态、运行正常，其主要包括：

1）定期对照明系统进行巡检

①灯具及其保护罩应完整、固定可靠；开关面板应无碎裂现象，固定用部件齐全。

②应急灯、安全疏散指示灯等灯具完好、固定可靠、运转正常。

2）问题或缺陷处理

对巡检过程发现的问题或设备日常运行过程中发现的缺陷进行处理，及时维修或更换。

3）照明设备的日常维护和保养

照明设备的检查周期：普通照明设备每月一次；应急灯、安全疏散指示灯等专用灯具每季度一次。

2. 建筑照明系统运维平台

建筑照明系统运维平台的功能主要包括运行状态监控、远程控制、照明运行模式设置、故障告警、能耗分析与控制、照明设备管理及维修保养管理等。

（1）运行状态监控

运行状态监控是对照明系统的运行状态进行实时监控，反馈各项指标的变化情况，方便运维人员及时发现和解决问题，保证智慧照明系统的稳定运行。运行状态监控包括监控对象、监控指标、监控方式三方面。

1）监控对象

照明系统运维平台的监控对象主要包括控电设备、灯具、电表，每个监控对象都有自己的运行状态和指标，具体见表2-16。

照明系统运维平台监控对象　　　　　　　　　　　　表2-16

监控对象	观测点	考察点	具体指标
控电设备	配电箱、回路的运行状态	系统设备运行情况、回路开关情况	设备在/离线、回路开关、电流、电压、功率等
灯具	灯具和回路的绑定关系	系统灯具和回路的绑定关系、回路的开关情况	亮度、色温
电表	电表运行数据	系统的能耗情况	用电量

2）监控指标

照明系统运维平台的监控指标主要有回路开关、亮度、色温、能耗等，具体见表2-17。

照明系统运维平台监控指标 表 2-17

监控指标	具体内容	考察点
回路开关	各回路开关	回路开关状态
电流	回路电流	照明系统的电路安全和稳定运行情况
电压	回路电压	
功率	配电箱功率	照明系统的电路负载情况
亮度	灯具亮度范围 0~100%	
色温	灯光的颜色参数,色温越低色调就越暖(偏红),色温越高色调就越冷(偏蓝)	照明的效果
能耗	照明系统的能耗情况,如电能消耗量、热能消耗量等	照明系统的能效特性和运行成本

3)监控方式

照明系统运维平台的监控方式包括实时监控、远程监控、报警监控、历史记录等,通过监控,运维人员可以随时掌握照明系统的运行状况,及时处理问题,确保系统的稳定运行,并且能大幅提高运维人员的工作效率,降低系统的运维成本。

(2)远程控制

智慧照明平台可通过单点及群控的方式进行灯光开关、亮度调节、颜色温度等的远程智能控制。使用者可以通过手机或电脑等智能终端远程操控照明系统,便于管理人员对大范围灯具进行关、开和调节等操作。

(3)照明运行模式设置

使用者可自定义场景模式(平日模式、节日模式、深夜模式等)的开关灯时间和灰度等级,也可通过日历来预设模式和开关灯时间。通过对照明设备的运行时间、运行方式等制定规则,可实现在不同时间下灯光亮度的合理控制,在不同区域下灯光开关时间的制定,在不同日期下照明规则的制定。

(4)故障告警

采集控电设备告警信息,一旦发现异常立刻产生告警,精确到单个设备回路级。可在平台上实现对该设备的定位及报警,并将对应的故障信息推送至对应的维修管理人员。

(5)能耗分析与控制

实时获取用电消耗以及功率数据,生成总体及各楼栋当日、当月、当年能耗功率的曲线图、柱状图、仪表盘;在为用户提供能源消耗结构和能源消耗成本分析的同时,最大限度地实现建筑照明的节能效果。

(6)照明设备管理

对照明设备资产进行电子信息化管理,可通过平台查看照明设备的资产信息、运维信息及设备历史故障维修信息等,便于管理员准确掌握设备实时在离线状态及告警情况。

(7)维修保养管理

维保任务模块将运维人员日常维护、年度维护、设备资产维修的工作情况进行记录。分析维保任务来源、数量、当前状态以及最容易被维修的设备类型。管理员可基于分析进行相应处理措施,照明设备资产得到定期维护保养,使用寿命更长。

任务实施

照明是人们日常生活中不可或缺的部分，同时其能耗和排放量也不容忽视，请你通过知识学习、文献查阅以及各类形式的调研，总结归纳照明节能的措施和方法。

学习小结

本任务主要介绍了建筑照明运维系统。照明系统的运维，一方面是为人们提供更加舒适和健康的光环境；另一方面是通过合理控制，降低照明设备的能耗，减少能源消耗和排放，提高能源利用效率，降低能源成本。

（1）建筑照明系统的智慧运维的意义在于智能调光、高效节能、提高环境质量。

（2）建筑照明系统运维平台的功能主要包括运行状态监控、远程控制、照明运行模式设置、故障告警、能耗分析与控制、照明设备管理及维修保养管理等。

任务 2.3.4　建筑电梯系统运维

任务引入

电梯作为重要的垂直交通工具，给人们带来便利，同时电梯安全事故的发生率也在不断增加，保证电梯安全，使其更有效地为大家服务，成为共同关注的问题。

知识与技能

1. 建筑电梯系统的智慧运维

（1）电梯系统智慧运维的意义

电梯系统的智慧运维，可以实时监控电梯运行状态，确保电梯的安全使用；当电梯运行数据出现异常时，能够及时向管理者或是维修人员发出预警信号，提醒相关人员进行维保工作；能够利用大数据智能分析电梯故障率及故障点，提升施救效率并降低维护成本；并通过及时的维保延长设备的使用寿命，降低电梯的维修和更换成本。

建筑电梯系统运维的目的在于：

1）智能安全

采用先进灵敏的传感器技术，自动收集电梯运行过程中的相关参数，过滤出常见故障并识别特殊故障类型，提高电梯的运维管理效率，使电梯运行更加安全可靠。

2）高效管理

通过对电梯设备运行数据的在线监测，设备运行异常时可以提前告警，通知维保人员进行检查维修，减少维保人员的工作量。

3）节约成本

通过智能技术，将电梯安全检查工作从按时维保转换为按需维保，降低电梯故障率的同时也减少了后续费用的投入。

（2）电梯系统运维工作内容

电梯系统运维工作内容包括维护保养和运行管理。

1）维护保养

电梯维护保养工艺一般由电梯制造厂商根据自身产品的特点制定，各个制造厂制定的维修保养工艺不尽相同，同一厂家不同型号电梯的维保工艺也不尽相同。各个维修保养单位应按照《电梯使用管理与维护保养规则》和各制造厂的要求进行维护保养。

2）运行管理

电梯的运行管理主要包括：电梯的运行巡视监控管理、电梯运行异常情况的管理和电梯机房的管理。

2. 建筑电梯系统运维平台

电梯系统一般包括电梯轿厢、电梯导轨、电梯驱动装置、操作盘、门系统、安全保护装置几大部分，鉴于电梯的安全性和重要性，电梯必须在自成系统后，由电梯监控系统软件提供标准的实时通信接口，与统一运维管理平台相连。

电梯系统智慧运维平台主要有以下功能：

（1）运行状态监控

电梯系统日常运行中，需要 24 小时监测电梯运行信息，追踪电梯运行轨迹，分析安全运行趋势。运行状态监控包括监控对象、监控指标、监控方式三方面。

1）监控对象

电梯系统运维平台的监控对象主要包括电梯轿厢、电梯驱动装置等，每个监控对象都有自己的运行状态和指标，具体见表 2-18。

电梯系统运维平台监控对象 表 2-18

监控对象	观测点	考察点	具体指标
电梯轿厢	电梯轿厢传感器	系统总体运行情况	运行楼层、运行方向、运行状态、有人／无人状态、倾斜角度、当前服务模式
	电梯轿厢内空调设备	系统运行内部环境情况	温度、湿度
	电梯轿厢内摄像头	系统安全运行情况	监控视频
电梯驱动装置	电梯驱动装置传感器	系统驱动设备运行情况	电梯振动值、轿厢断电、能耗

续表

监控对象	观测点	考察点	具体指标
呼叫救援设备	呼叫救援设备传感器	系统安全运行情况	呼叫/非呼叫状态
门系统	门系统报警设备	系统安全运行情况	梯门开关状态

2）监控指标

电梯系统运维平台的监控指标主要有轿厢运行楼层、轿厢运行方向、轿厢运行状态、梯门开关状态等，具体见表2-19。

电梯系统运维平台监控指标 表2-19

监控指标	具体内容	考察点
轿厢运行楼层	电梯停层次数/楼层	电梯系统的运行情况
轿厢运行方向	电梯停层次数/时间	
轿厢运行状态	运行速度、负载、前后倾斜角度、左右倾斜角度	
有人/无人状态	电梯轿厢有人/无人状态	电梯系统的载客情况
当前服务模式	正常模式、检修模式、恢复自动运行模式、未知模式等	电梯系统当前服务模式情况
温度	电梯轿厢内温度	电梯轿厢内的温度控制情况
湿度	电梯轿厢内湿度	电梯轿厢内的湿度控制情况
监控视频	电梯轿厢内监控视频	电梯系统的安全运行情况
呼叫/非呼叫状态	呼叫救援设备的呼叫/非呼叫状态、呼叫次数、通话记录、回放救援音频	
梯门开关状态	开关门次数/楼层、梯门开锁、梯门关锁、开门到位、关门到位、重复开关门次数	
能耗	电梯系统的能耗情况，如电能消耗量、热能消耗量等	电梯系统的能效特性和运行成本

3）监控方式

电梯系统运维平台的监控方式包括实时监控、远程监控、报警监控、历史记录等，具体见表2-20。

电梯系统运维平台监控方式 表2-20

监控方式	具体内容	作用
实时监控	运维系统平台可以在电梯系统中安装传感器和数据采集设备，实时采集各项指标数据，并及时反馈到运维系统平台上	通过实时监控，运维人员可以随时掌握电梯系统的运行状况，及时处理问题，确保系统的稳定运行
远程监控	运维系统平台可以通过云端技术和物联网技术，实现对电梯系统的远程监控。运维人员可通过远程终端设备，实时查看电梯系统的运行状态，进行远程诊断和管理	该方式能大幅提高运维人员的工作效率，降低系统的运维成本
报警监控	运维系统平台能够实现对电梯系统报警状态的监测，可以很快确定电梯是否存在运行异常或故障，当电梯报警状态发生改变，比如出现卡层、断电等异常状况，故障信息会及时传递给运维平台	该方式可以有效降低故障响应时间，提高电梯系统的可靠性和稳定性
历史记录	运维系统平台可以将电梯系统的各项指标数据存储在数据库中，形成历史记录。运维人员可以通过查询历史记录，查找过去的故障信息和解决方案，为未来的维护工作提供参考	该方式可以提高运维人员的工作效率，降低系统的维护成本

（2）故障预警

电梯系统故障可能会导致一些报警，以下是一些常见的电梯系统故障报警：

过载报警：当电梯超过额定负载时，电梯会自动停止并提示过载报警。这种情况往往是由于人员或物品装载过多所引起。

门系统故障：电梯门可能会遇到许多问题，例如打不开、不能关闭、反复开关等。这些问题往往会触发门控制系统中的报警设备。

缓冲器故障：电梯缓冲器负责保护电梯和乘客免受意外冲击，如果缓冲器故障，可能会导致电梯无法进行缓冲，此时应该触发相应的报警。

意外停止报警：当电梯在运行时突然停止时，应该触发相应的报警。这种情况往往是由于电力故障或其他技术问题所引起。

电梯系统运维平台故障报警的具体应用见表 2-21。

电梯系统运维平台故障报警 表 2-21

故障预警	工作内容	作用
预警设置	运维系统平台可以通过设定电梯系统的各项指标，例如额定负载、额定速度、长时间阻挡电梯门、温度、湿度等，实现故障预警的功能	当电梯系统的指标超出了设定的阈值时，系统就会发出预警提示
实时监控	对电梯系统报警状态的检测，电梯系统运维平台可以很快地确定电梯是否存在运行异常或故障	该方式能够帮助运维人员预测可能出现的故障，提前进行预防性维护，避免故障对业务的影响
报警通知	当电梯报警状态发生改变，比如出现卡层、断电等异常状况，故障信息会及时以邮件、短信、微信等，将故障预警信息及时通知给运维人员	该方式能快速地将故障信息传递给相关人员，让其及时采取措施，防止故障扩大
故障统计分析	分析电梯系统历史数据，可以得出一些对未来可能产生影响的趋势，比如设备部件寿命、维修保养日志等	运维平台可以根据这些信息获得预先提醒，并对电梯设备进行更加有效地维护和管理
风险评估与预测	基于历史故障数据和数据挖掘，电梯系统运维平台可以制定相应的危险预警，对存在安全隐患的电梯进行评估和调查	确保设备在未来的正常运行

（3）设备远程控制

鉴于电梯的安全性和重要性，电梯系统运维管理平台对电梯只进行简单的紧急停止控制。在电梯停止运行或者出现其他紧急情况时，运维人员需要及时采取措施，保障乘客的安全。

（4）设备台账管理

可查看电梯编号、电梯类型、安装日期、用途、品牌、维保单位等信息，还可查看相关文档。一梯一档，二维码展示设备台账。

（5）应急救援自动调度

电梯系统应急救援自动调度应保障紧急事态下电梯安全、迅速地处理与疏散、在最短时间内调整出最优质的服务响应。一旦监控到电梯系统中的报警，平台自动派发工单，救援人员通过手机、电脑、指挥中心端接单救援，提供相关的维修单位和人员信息，并全程记录过程。系统自动保存救援通话记录，随时查看救援记录，回放救援音频。

紧急呼叫处理：当有人在电梯内按下紧急呼叫按钮时，系统会自动将该电梯排在优先调度队列的最前面，以保障其优先被处理。同时，系统会通知值班人员并向相关人员发送警报信号。

故障检测与排除：系统会实时监测电梯各项参数的变化情况，如速度、温度和压力等，并判断是否存在故障。如果发现故障，系统会自动将该电梯停止运行，并自动切换到备用救援系统或者呼叫维修人员。

紧急疏散处理：当电梯出现紧急情况，如火灾、地震等，系统会及时判断情况，并启动相应的紧急疏散模式。此时，系统会自动开启电梯门，并通过语音提示和紧急按钮指示乘客快速疏散。

智能调度功能：系统会对多部电梯进行智能调度，根据电梯及用户的位置信息、运行状态及其余区位电梯资源等，智能地分配电梯。通常这种功能还会配合优化算法，进一步提高调度效率。

（6）维保信息

电梯设备需要定期进行检查和保养才能保证其正常运行，应包括轿厢、门、机房以及电气部件等方面的检查。

平台支持对设备的维修保养记录进行查看，包括维保计划、维保打卡、维保记录、电梯评分等。

 应用案例

1. 项目电梯系统情况

某公司总部办公楼共设电梯间 2 处，电梯 7 部，其中消防电梯 1 部；研发楼共设电梯间 2 处，电梯 7 部，其中消防电梯 1 部；联合办公楼共设电梯间 2 处，电梯 4 部，其中消防电梯 1 部。

2. 电梯系统运维情况

"某集团智慧园区管理平台"利用数字技术对电梯系统进行管理。电梯运维系统监测电梯设备的运行状态，并通过实时数据分析来预测潜在故障。一旦出现故障，系统可以快速定位问题并提供故障排查指南，加快维修速度，减少维修成本。维修人员可以提前采取行动，减少停机时间，并制定合理的维修计划，提高电梯的可靠性和安全性。

电脑端对电梯的管理后台见图 2-37。

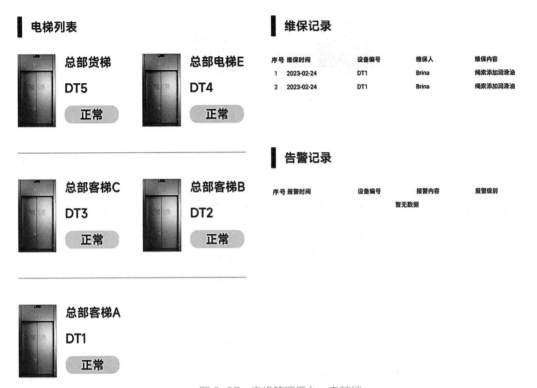

图 2-37　电梯管理后台—电脑端

 任务实施

电梯是建筑中的重要交通工具，为人们的生活提供了很多便利，但电梯安全不容忽视，请你通过知识学习、文献查阅以及各种形式的调研，总结归纳确保电梯安全的措施和方法。

学习小结

本任务主要介绍了建筑电梯运维系统。电梯系统的运维，一方面保障使用安全；另一方面是通过合理控制，降低电梯的运行能耗。

（1）建筑电梯系统的智慧运维的意义在于智能安全、高效管理、节约成本。

（2）建筑电梯系统运维平台的功能主要包括运行状态监控、故障预警、设备远程控制、设备台账管理、应急救援自动调度、维保信息等。

知识拓展

码 2-6　智能照明控制系统　　　码 2-7　智慧照明系统的应用场景

习题与思考

1. 单选题

（1）经（　　）将 10kV 高压降为一般用电设备所需的电压（220/380V），然后由低压配电线路将电能分送给各用电设备使用。

A. 升压变压器　　　　　　　　　B. 配电变压器

C. 高压配电线　　　　　　　　　D. 低压配电线

（2）读书写字用的台灯属于（　　）。

A. 混合照明　　　　　　　　　　B. 集中照明

C. 一般照明　　　　　　　　　　D. 局部照明

（3）速度在 1.00~2.00m/s 的电梯属于（　　）。

A. 低速梯　　　　　　　　　　　B. 中速梯

C. 高速梯　　　　　　　　　　　D. 超高速梯

2. 填空题

（1）电力系统就是由各种电压等级的输电线路将发电厂、变电所和电力用户联系起来的一个_____、_____、_____、_____和用电的整体。

（2）三级负荷属于一般型负荷，其设备主要包括：_____、_____、_____等。

（3）照明电气设备包括_____、_____、_____及照明配电箱。

（4）电梯包括_____、_____、_____、_____以及自动扶梯等。

3. 简答题

（1）照明方式通常有哪几种？

（2）照明自动控制方式有哪些？

（3）电梯的控制功能有哪些？

码 2-8　项目 2.3 习题与思考参考答案

模块③

建筑安消系统运维

建筑消防系统

建筑消防系统认知
建筑消防系统运维

建筑安防系统

建筑安防系统认知
建筑安防系统运维

项目 3.1　建筑消防系统

教学目标 📖

一、知识目标

1. 熟悉建筑消防系统的主要设施设备；

2. 掌握建筑消防系统运维管理的主要内容与工作流程。

二、能力目标

1. 会使用平台对建筑消防系统进行日常管理；

2. 会使用平台对建筑消防系统进行故障排查。

三、素养目标

1. 具有敬业奉献精神，能够与团队成员良好合作；

2. 树立安全防范意识，牢筑安全防线。

学习任务 🖥

　　了解建筑消防系统运维管理的工作内容与流程，能够熟练操作运维平台，实现对建筑消防系统的运行控制和维护管理。

建议学时 ⊡

　　6 学时

思维导图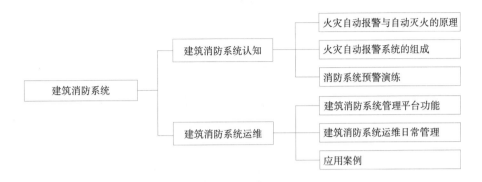

任务 3.1.1　建筑消防系统认知

 任务引入

建筑消防系统能够预防火灾、提供早期报警、实施灭火和疏散，保障人员生命安全，减少火灾损失，并提升楼宇整体安全水平。它通过安装各种预防设备和设施，监测火灾迹象并发出警报，快速灭火和控制火势，帮助人员迅速疏散到安全区域。

 知识与技能

1. 火灾自动报警与自动灭火的原理

火灾自动报警系统是通过安装在保护区的探测器监视现场的烟雾浓度、温度等火灾参数，并不断反馈给报警控制器。当确认发生火灾时，系统发出声、光警报，显示火灾区域或楼层房号的地址编码，打印报警时间、地址等，同时向火灾现场发出警报铃声与语音报警，在火灾发生的楼层上、下相邻层或火灾区域的相邻区域也同时发出报警，并显示火灾区域；应急疏散指示灯亮，指明疏散方向；火灾报警控制器发出控制信号驱动灭火设备，实现快速灭火。火灾自动报警系统工作原理如图 3-1 所示。

为方便起见，一般将自动灭火系统和与其连锁的防排烟设备、防火门、火灾事故广播、应急照明等防火及减灾系统合称为自动灭火系统。火灾自动报警控制器上有多组联动控制自动灭火设备的输出接点，当其确认出现火灾时，一方面控制警报器报警，另一方面输出控制信号，命令灭火执行机构（继电器、电磁阀等）工作，开启喷洒阀门，启动消防水泵，接通排烟风机电源等进行灭火。

同样，为了防止自动灭火系统失灵，贻误灭火，在配备有灭火、减灾设备的地方，如消防水阀、风门等部位，除了设置手动电控开关外，还安装有手动机械开关。

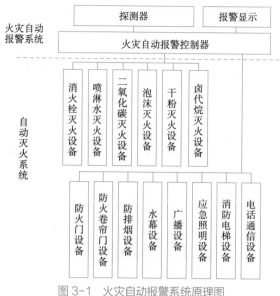

图 3-1 火灾自动报警系统原理图

2. 火灾自动报警系统的组成

火灾自动报警系统一般由触发器件、火灾报警装置、火灾警报装置和电源四部分组成。复杂系统还包括消防联动控制装置。

（1）触发器件

在火灾自动报警系统中，自动或手动产生火灾报警信号的器件称为触发器件。其主要包括火灾探测器和手动报警按钮。目前，探测器种类很多，功能各异，常用的探测器根据其探测的物理量和工作原理不同，可按图 3-2 进行分类。

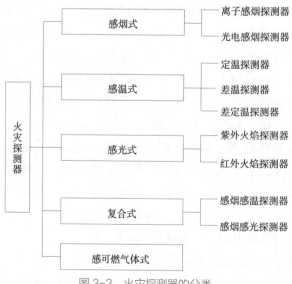

图 3-2 火灾探测器的分类

另一类触发器件是手动火灾报警按钮，是手动方式产生火灾报警信号，启动火灾自动报警系统的器件，也是火灾自动报警系统中不可缺少的组成部分。

（2）火灾报警装置

在火灾自动报警系统中，可以接收、显示和传递火灾报警信号，并能发出控制信号和具有其他辅助功能的控制指示设备称为火灾报警装置。

火灾报警控制器是最基本的一种火灾报警装置，也称为火灾自动报警控制器，是智能建筑消防系统的核心部分。火灾报警控制器可以与火灾探测器构成火灾自动监测报警系统，如果与联动控制的灭火装置、防火减灾装置加在一起，则构成了完备的自动报警与自动灭火系统。现代火灾报警控制器，融入了先进的电子技术、微机技术及自动控制技术，其功能越来越齐全，性能越来越完善，在结构上已经完成了由模拟化向数字化的转变。

（3）火灾警报装置

火灾自动报警系统中，用以发出声、光警报信号的装置称为火灾警报装置。火灾警报器就是一种最基本的火灾警报装置，它以声、光等方式向报警区域发出火灾警报信号，以警示人们采取安全疏散、灭火救灾措施。

（4）电源

主要电源应采用消防电源，备用电源采用蓄电池。系统电源除为火灾报警控制器供电外，还为与系统相关的消防联动控制等供电。

（5）消防联动控制装置

消防联动控制装置主要包括火灾报警控制器、自动灭火系统的控制装置、室内消火栓系统的控制装置、防烟排烟系统及空调通风系统的控制装置、常开防火门、防火卷帘的控制装置、电梯回降控制装置、火灾应急广播、火灾警报装置、火灾应急照明与疏散指示标志的控制装置十类控制装置中的部分或全部。消防控制设备一般设置在消防控制中心，以便于返回消防控制室，实行集中与分散相结合的控制方式。

3. 消防系统预警演练

要保证建筑消防设施系统在发生事故时进入良好的运行状态，不仅要有完善的设计、良好的施工质量和科学的技术检测，更需要不定期对消防系统进行模拟演练检测，常见的消防系统预警演练见表 3-1。

常见的消防系统预警演练　　　　　　　　表 3-1

预警演练模拟场景	触发方法	应急响应（系统效果验证）	处理演练
模拟火灾场景	选择一个区域进行火灾模拟，例如使用烟雾发生器产生烟雾效果，触发火灾报警系统，包括烟雾探测器、手动火灾报警按钮等	触发火灾报警后，测试应急响应程序，包括疏散指示、报警通知、紧急联系等	组织人员按照疏散计划进行疏散，测试疏散通道和出口的畅通性。演练员工正确使用灭火器进行初期火灾扑灭

续表

预警演练模拟场景	触发方法	应急响应（系统效果验证）	处理演练
模拟烟雾排风系统演练	使用烟雾发生器在指定区域产生浓烟	触发烟雾排风系统，测试其启动和运行情况	检查烟雾排风系统的排烟效果，确保烟雾迅速排出演练区域，保持可见性和人员安全
模拟水喷淋系统演练	选择一个区域进行火灾模拟，例如使用烟雾发生器产生烟雾效果	演练期间，触发水喷淋系统，测试其启动和喷水效果	使用适当的方法模拟火源扑灭，观察水喷淋系统的灭火效果和喷水覆盖范围
模拟触发紧急广播系统	模拟紧急情况，触发紧急广播系统进行紧急通知和指示	测试广播系统的声音传播范围和清晰度，确保其有效覆盖指定区域	演练期间，验证紧急通知内容的准确性和清晰度
模拟报警信号触发报警系统	模拟报警信号，例如火灾报警、烟雾报警、气体泄漏报警等	演练期间，验证报警接警中心的接警流程和响应时间，确保报警信息的准确接收	测试报警接警中心的报警处理流程，包括指派维护人员、联络相关部门等，确保报警信息的及时处理
模拟远程监控与控制演练	通过消防系统运维管理平台实现对消防设备的远程监控，检查设备状态和参数	通过消防系统运维管理平台实现对消防设备的远程控制，例如关闭阀门、重置报警系统等	演练期间，验证远程操作的准确性和实时性，确保远程监控和控制的可靠性

在进行预警演练时，应制定详细的演练方案，包括演练目的、演练时间、参与人员、演练场景、演练步骤和评估方法等。演练结束后，应及时总结和评估演练效果，识别存在的问题并进行改进，以提升消防系统的预警能力和应急响应水平。

任务实施

消防系统是建筑的重要组成部分，请根据学习进行调研，列出你所处建筑使用的消防预警系统以及各系统最近的两次演练时间、演练方式等，以表格的形式列出。

学习小结

本任务主要介绍了建筑消防系统中火灾自动报警器和灭火装置的工作原理，包括常见的消防系统演练的场景以及各场景发生时应急处理演练的方法等内容。

（1）火灾自动报警系统通过探测器监视烟雾浓度、温度等火灾参数，确认发生火灾时，报警控制器才发出控制信号驱动灭火设备，实现快速灭火。

（2）火灾自动报警系统一般由触发器件、火灾报警装置、火灾警报装置和电源四部分组成。

（3）不定期对消防系统进行模拟演练检测，是保证建筑消防设施系统在发生事故时进入良好的运行状态的必要措施。

任务 3.1.2   建筑消防系统运维

 任务引入

建筑消防系统能够提供集中化、智能化的建筑消防管理和监控。通过该平台，可以实时监测建筑内的消防设备状态、火灾报警信息和疏散情况，进行火灾预防、早期报警和灭火控制。该平台还能集成建筑内的各类消防设备和系统，如火灾报警系统、喷水灭火系统、疏散指示系统等，实现统一管理和操作。此外，平台还提供数据分析和报表功能，帮助管理人员了解建筑消防状况，制定合理的预防和应急措施，并支持决策和优化建筑消防管理策略。通过建筑消防管理平台，可以提高建筑消防管理效率、减少火灾风险、保障人员安全，并为建筑的整体安全和可持续发展提供支持。

 知识与技能

1. 建筑消防系统管理平台功能

（1）设备档案管理

消防设备信息管理系统能够有效管理和维护消防设备的各项信息，提升设备的运维效率和管理水平，确保消防系统的正常运行和安全性。其具体的功能和特点根据不同的系统提供商和用户需求而有所差异。常见的设备档案管理类别见表 3-2。

设备档案管理类别   表 3-2

名称	作用	记录内容
设备档案管理	建立和管理消防设备的档案信息	设备型号、规格、安装位置、制造商、购买日期、保修期限等基本信息
维护计划和记录	制订设备的维护计划	记录维护任务的执行情况、维护人员、维护日期、维护内容等细节信息
巡检管理	制订巡检计划	记录巡检任务的执行情况、巡检人员、巡检日期、巡检项目等，以确保设备处于良好的工作状态
故障记录和处理	记录设备发生的故障情况	记录故障时间、故障类型、处理措施、修复结果等，用于故障追踪和问题解决
报警事件管理	用于追踪和分析报警情况	记录报警事件的发生时间、报警类型、处理人员、处理结果等信息
统计分析和报表输出	生成报表和图表，提供数据支持和决策参考	对设备信息、维护记录、故障情况等进行统计分析
设备位置追踪	追踪和监控设备的位置，便于快速定位和处理紧急情况	定位和记录设备的地理位置

名称	作用	记录内容
提醒和通知功能	设备维护、巡检任务的提醒和通知，提高任务执行的及时性和准确性	维护计划执行提醒、巡检任务分配通知等
文件管理和文档存档	管理设备相关的文件和文档	设备说明书、维修手册、巡检报告等，方便查阅和共享
权限管理和安全控制	保障系统的安全性和数据的保密性	设置不同用户的权限和角色，限制对设备信息的访问和操作

建筑消防系统档案示意图见图 3-3。

图 3-3 建筑消防系统档案示意图

（2）设备状态监测

为确保消防设备的正常运行和安全性，快速发现和处理问题，可以通过一些设备，了解消防设备的状态和运行情况，表 3-3 列举了一些常见消防系统设备监测的功能、对象以及指标，具体的监测对象根据消防系统的配置和需求而有所不同。

常见消防系统设备监测 表 3-3

监测功能	监测对象	监测指标
设备状态监测	实时监测消防设备的状态	监测设备是否与监控平台正常连接，确保设备处于在线状态
报警监测	监测消防系统的报警状态，包括火警、烟雾报警、温度报警等	监测设备是否触发报警，包括火警、烟雾报警、温度报警等
传感器监测	监测消防系统中各种传感器的状态，如温度传感器、气体传感器等	监测传感器采集的环境参数，如温度、湿度、气体浓度等
水压监测	监测消防水源供水压力的状态	监测消防水源供水压力，确保水压符合要求

续表

监测功能	监测对象	监测指标
电源状态监测	监测消防设备的电源供电状态，包括电源电压、电池电量等	监测设备的电源供电状态，包括电源电压、电池电量等
设备运行时间监测	监测消防设备的运行时间	记录设备的运行时间，统计设备的工作时长
网络连接状态监测	监测消防设备与网络的连接状态	确保设备能够正常与平台通信和数据交互
设备故障监测	实时监测消防设备的故障情况	监测设备是否出现故障，包括故障代码、故障类型等
远程监控	支持对消防设备进行远程监控和操作	是否能远程查看设备状态、远程设置参数、远程复位报警等
数据记录和分析	记录消防设备的监测数据，生成数据报表和图表	记录的数据信息是否准确及时

常见的消防系统监测对象还可以按照表3-4从硬件上进行划分。

常见消防系统监测对象   表 3-4

系统名称	对象
火灾报警系统	火灾探测器、报警按钮、声光报警器等
自动喷水灭火系统	水泵、水箱、喷头等
气体灭火系统	气体灭火装置、气瓶、控制阀等
消防水源系统	消防水池、消火栓、水泵等
排烟系统	排烟风机、排烟通道等
灭火器设备	手提式灭火器、灭火器柜等
防火阀门和排烟阀门	监控阀门的开关状态和运行情况
消防电源和电气系统	监控电源供电状态、电池状态和电气设备的工作状态
紧急照明和逃生指示系统	监控照明设备和指示灯的运行状态
消防通信系统	监控火警报警器、对讲设备、广播系统等的工作状态

通过这些指标的监控可以及时发现设备异常状态、故障情况或报警事件，以便采取相应的措施进行维修、处理或应急响应，确保消防设备的正常运行和安全性。

常见的监测方式有以下几种：

1）实时监控：通过消防系统运维平台或监控中心，实时监控消防设备的状态、报警信息、传感器数据等，提供可视化界面和实时数据展示，如图3-4所示。

2）远程监控：通过网络连接和互联网技术，实现对消防设备的远程监控。可以通过电脑、手机、平板等远程设备，随时随地监控消防设备的运行状态。

3）传感器监测：利用各类传感器监测消防设备的工作状态和环境参数。例如，温度传感器、烟雾传感器、气体传感器等，采集相关数据供监控和分析。

4）报警通知：当消防设备发生报警或异常情况时，通过声光报警器、短信、邮件、

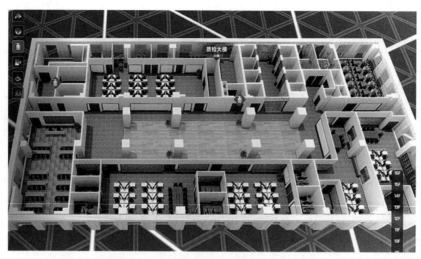

图 3-4　建筑消防系统设备监测示意图

APP 通知等方式向相关人员发送警报通知。

5）远程控制：通过平台或控制系统提供的远程操作功能，可以对消防设备进行远程控制。例如，远程开启或关闭喷水装置、控制灯光、复位报警等。

6）数据记录与分析：对消防设备采集到的数据进行记录和分析，包括历史数据存储、数据报表生成、异常趋势分析等，发现问题并提供决策支持。

7）红外线监测：利用红外线技术对消防设备进行监测，例如使用红外热像仪检测设备温度、异常热点等。

8）摄像监控：在重要区域安装摄像头，实时监控消防设备及周围环境，提供视频监控和录像功能。

（3）报警事件管理

1）报警信息接收：平台可以接收消防系统中各种类型的报警信息，例如火灾报警、烟雾报警、温度报警等，以及其他与消防相关的报警信号。

2）报警事件记录：平台会记录报警事件的详细信息，包括报警类型、报警时间、报警设备或区域、报警级别等，用于后续的查询、分析和处理。

3）报警事件处理：平台提供处理报警事件的功能，包括指派责任人、记录处理过程和结果等。可以将报警事件分配给相关人员，跟踪和记录处理过程，确保及时采取适当的措施。

4）报警事件追踪：平台支持对报警事件的追踪和查看，可以了解报警事件的处理状态、进展情况和处理结果，方便及时跟进和监控。

5）报警事件通知：平台可以发送报警事件通知，通过短信、邮件、手机应用推送等方式，将报警事件信息及时通知给相关人员，以便他们能够迅速响应和处理。

6）报警事件分析：平台提供对报警事件进行统计分析的功能，可以分析报警事件的数量、类型、分布情况等，帮助用户了解报警情况的趋势和特点。

7）报警事件报表输出：平台支持生成报警事件的报表和统计图表，方便管理人员进行数据分析和决策参考。

8）报警事件归档：平台会将报警事件的记录进行归档，方便长期存储和备查，同时可以提供历史报警事件的检索和回溯功能。

通过以上的报警事件管理功能，消防管理平台能够有效地接收、记录、处理和跟踪消防系统中的报警事件，确保报警信息的及时响应和处理，提高火灾安全和应急响应能力。消防管理平台具体的功能和特点可能会因平台供应商和系统配置而有所差异。

（4）故障预警

平台通过与消防设备的连接，实时监测设备的状态、传感器数据、报警信息等，持续采集设备的运行数据。平台利用数据分析技术对采集到的设备数据进行处理和分析，识别设备的异常模式和趋势，进行故障预警。常见的故障预警对象及预警指标见表3-5。

常见预警对象及预警指标 表3-5

预警对象	预警指标
设备健康评估	基于历史数据和设备规格，平台可以进行设备健康评估，识别设备可能出现故障的风险
阈值设定和比对	平台设定设备运行的正常范围和阈值，当设备数据超出设定的阈值时，触发故障预警
报警通知和提醒	一旦平台检测到设备异常或超出阈值，会立即发送报警通知，通过短信、邮件、APP通知等方式向相关人员发送预警信息
实时监控和可视化展示	平台提供实时监控界面，将设备状态、故障预警信息以图表或报表形式展示，使运维人员能够随时了解设备运行情况
历史数据分析和趋势预测	平台通过对历史数据的分析，可以发现潜在的故障模式和趋势，预测设备未来可能发生的故障

（5）远程操作

远程操作功能可以提高消防设备的操作灵活性和便利性，实现对设备的远程操作和监控，提升消防系统的安全性和效率。具体的远程控制方式和可操作的设备功能根据系统的设计和配置而有所不同，以下是一些常见的消防设备远程控制方式。

1）远程开启 / 关闭：可以通过远程控制系统对消防设备进行开启或关闭操作，如远程启动 / 停止水泵、喷水装置、排烟设备等。

2）远程复位：通过远程操作将处于报警状态的设备进行复位，使其回到正常状态，如远程复位火灾报警控制面板、消防报警设备等。

3）远程调节参数：通过远程控制系统调节消防设备的参数，如调整喷水装置的喷射角度、水压、喷洒模式等。

4）远程设定模式：可以通过远程操作将消防设备切换至特定的工作模式，如将自动喷水系统从手动模式切换为自动模式，或将排烟系统从正常模式切换为紧急模式。

5）远程开启通道 / 阀门：通过远程控制系统开启或关闭消防系统中的通道或阀门，如远程控制防火门的开启、关闭，远程控制防排烟阀的开启、关闭等。

6）远程监控与操控：通过远程监控系统实时观察消防设备的运行状态，并进行相应的操作控制，如实时观察监控摄像头画面，远程操作喷水装置的喷洒方向等。

（6）巡检管理

消防系统的巡检管理有助于发现设备故障、预防事故发生，保障消防设备的正常运行和安全性。同时，合理的巡检管理可以提升管理效率和运维质量，确保消防系统处于良好的工作状态，以应对突发火灾等紧急情况。可基于 BIM 模型对建筑进行线上巡检，如图 3-5 所示。

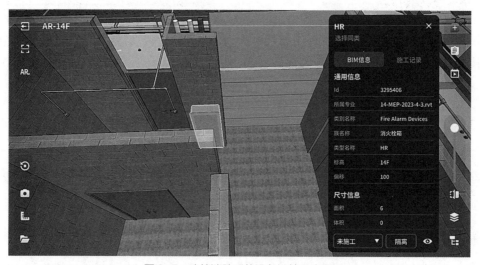

图 3-5　建筑消防系统设备巡检示意图

一次完整有效的巡检应包括以下步骤：

1）制订巡检计划：根据消防设备的种类、数量和重要性，制订巡检计划，确定巡检周期和频率。

2）巡检项目确定：明确每个消防设备需要巡检的项目和内容，包括设备本身的外观检查、工作状态检测、传感器数据采集等。

3）巡检人员培训：对负责巡检工作的人员进行培训，使其熟悉消防设备的巡检要求、操作规程和安全注意事项。

4）巡检执行：按照巡检计划和项目要求，巡检人员对消防设备进行定期巡查、检测和维护。其包括设备外观检查、设备功能测试、传感器校准等操作。

5）记录和报告：巡检人员记录巡检过程中发现的问题、异常情况和维护工作，主要包括设备故障、维修记录、更换零部件等，并及时向管理人员报告。

6）故障处理和维修：对于巡检中发现的设备故障或异常情况，及时进行处理和维修。需要维修的设备可以进行标记或下线，并安排专业人员进行维修。

7）巡检结果分析和改进：定期分析巡检结果和维修记录，总结问题和故障的原因，并提出改进措施，以提高巡检管理的效果和消防设备的可靠性。

（7）数据分析

消防系统的数据分析是指对消防设备和系统产生的数据进行收集、整理和分析，以提取有用的信息，用于优化系统性能、预测故障、改进决策等。以下是消防系统数据分析的主要内容和方法：

数据采集和存储：收集消防设备和系统生成的各类数据，包括传感器数据、报警记录、维护日志等，并进行合理的存储和管理。

数据清洗和预处理：对采集到的数据进行清洗、去噪和格式化处理，排除异常数据和错误信息，使数据准确可靠。

数据可视化：利用数据可视化工具将消防系统的数据转化为图表、仪表盘、热力图等形式，使数据更加直观和易于理解。

数据统计和指标分析：对数据进行统计分析，计算关键指标和性能参数，如设备故障率、维护时间、响应时间等，以评估系统的运行状况和性能表现。

异常检测和故障预测：应用异常检测和机器学习技术，识别数据中的异常模式和趋势，预测设备故障风险，及早采取维修或替换措施。

故障分析和根因追溯：对发生故障的设备进行分析，探索故障原因，追溯问题的根源，以便采取针对性的纠正措施，避免类似问题的再次发生。

决策支持和优化：基于数据分析的结果和洞察，提供决策支持和优化建议，帮助管理人员做出合理的运维决策和改进措施。

通过消防系统的数据分析，可以深入了解设备的运行状态、故障情况和维护需求，帮助管理人员制定更有效的运维策略，提高设备的可靠性、安全性和效率。此外，数据分析还可以支持消防系统的智能化管理和预测维护，实现对系统的优化和持续改进。

2. 建筑消防系统运维日常管理

（1）建筑消防系统运维的意义

1）火灾安全保障。消防系统是建筑物和人员安全的重要保障，通过进行定期运维可以确保消防设备的正常运行和有效性，及时发现和处理潜在的安全隐患，提高火灾的预防和响应能力。

2）生命财产保护。消防系统的正常运行可以有效地保护生命和财产免受火灾危害。通过运维工作，确保消防设备的良好状态和及时维修，减少设备故障和失效的风险，降低火灾造成的人员伤亡和财产损失。

3）法律法规遵守。对于建筑物和场所而言，遵守消防相关的法律法规是义务和责任。进行消防系统的定期运维，保证系统符合法规要求，是遵从法律法规的重要环节，有助于避免违规行为和可能的法律风险。

4）预防事故。通过定期巡检、维护和监控，可以发现并修复潜在的设备故障和问题，预防事故发生。维护良好的消防系统可以减少突发火灾的概率，提高建筑的安全性。

5）提高系统可靠性和持续性。通过运维工作，保持消防系统的正常运行和良好状态，提高系统的可靠性和持续性。定期的维护和检修可以延长设备的使用寿命，降低维修成本，并确保系统在关键时刻的可用性。

6）数据分析与优化。对运维过程中产生的数据可以进行分析和挖掘，为系统的优化提供依据。通过对设备运行数据的分析，可以优化维护计划和策略，提高设备的效率和性能，实现预测性维护和智能化管理。

综上所述，消防系统运维的意义在于保障火灾安全、保护生命财产、遵守法律法规、预防事故、提高系统可靠性和持续性，以及通过数据分析优化系统运行。它是确保消防系统正常运行和有效发挥作用的重要环节，对于建筑物和场所的安全和可持续发展具有重要意义。

（2）消防系统平台的维护内容

通过消防运维管理平台，可以更加高效地管理和执行消防系统的日常维护工作，提高工作效率和设备可靠性，确保消防系统的安全和有效运行。常见的平台维护内容主要有：

1）设备巡检与维护

①制订巡检计划。在消防运维管理平台上创建设备巡检计划，包括巡检频率、巡检内容和责任人等信息。

②巡检设备状态。按计划对消防设备进行巡检，记录设备状态、温度、压力等参数，通过平台记录巡检结果。

③清洁与润滑。巡检时，对设备进行清洁和润滑，确保其正常运行和延长使用寿命。

④更换损坏或过期设备。发现损坏或过期的消防设备，记录并及时更换，确保设备的正常功能。

2）报警事件处理

①报警接收与确认。消防运维管理平台接收报警事件，维护人员及时确认报警信息的真实性和紧急程度。

②任务指派与处理。在平台上指派相应的维护人员或团队处理报警事件，并记录指派信息和处理进度。

③处理过程记录。在平台上记录报警事件的处理过程，包括处理措施、使用的工具和材料、处理结果等。

④报警事件关闭。在报警事件得到妥善处理后，确认并关闭报警记录。

3）故障维修与处理

①故障排查与诊断。消防运维管理平台记录设备故障信息，维护人员利用平台上的故障排查工具和历史数据进行故障诊断。

②维修工单创建与指派。在平台上创建维修工单，指派维护人员进行故障维修工作。

③维修过程跟踪。在平台上记录维修过程，包括维修开始时间、使用的工具和材料、维修过程描述等信息。

④故障修复与验证。维护人员在平台上记录故障修复的结果，并进行验证，确保故障得到解决。

4）维护计划与执行

①制订维护计划。在消防运维管理平台上制订消防系统的维护计划，包括定期维护任务的安排和周期。

②维护任务执行。按照维护计划，在平台上安排维护任务的执行，并记录维护任务的完成情况。

③维护记录与分析。在平台上记录维护任务的执行情况，包括维护开始时间、维护内容、使用的工具和材料等信息，并进行数据分析，评估维护效果和设备状态。

5）设备台账管理

①设备信息录入。在消防运维管理平台上录入消防设备的基本信息，包括设备型号、安装位置、生产厂商、维保周期等。

②设备台账更新。及时更新设备台账，包括设备维修记录、更换记录、巡检记录等，确保台账信息的准确性和完整性。

③设备寿命周期管理。通过平台分析设备的使用寿命、故障率等数据，制定设备更换和升级计划，提前预防设备故障和老化。

6）数据分析与报告

①统计与分析功能。消防运维管理平台提供数据统计和分析功能，可生成报表和图表，如设备故障率、维修时长、巡检合格率等指标的分析。

②故障趋势分析。通过平台上的历史数据和趋势分析工具，识别故障发生的趋势和规律，制定相应的预防和改进措施。

③报告生成与分享。利用平台生成维护报告和管理报告，与相关人员共享，并用于评估维护工作的效果和改进策略。

7）培训与知识库

①培训计划与记录。消防运维管理平台记录维护人员的培训计划和培训记录，包括培训课程、培训时间和培训成绩等信息。

②知识库管理。在平台上建立消防设备维护的知识库，包括操作手册、维修指南、故障处理流程等，供维护人员参考和学习。

 应用案例

1. 项目消防系统情况

某大厦拥有多栋高层建筑和复杂的商业空间，每天有着大量的员工、客户和访客进出大厦。确保消防系统的正常运行和有效应对火灾等紧急情况对于保护人员和财产安全至关重要。然而，传统的手动监测和管理方式存在许多局限性，如信息不及时、维护工作繁琐、数据分析困难等。因此，需要采用信息化的工具来提高消防系统的管理效率和安全性。

2. 建筑消防系统运维情况

（1）消防系统运维方案

1）实时监控与预警管理。通过平台对消防设备的实时监控，各个关键设备的状态和数据可以随时查看，如烟雾探测器、喷淋系统、报警设备等。同时，还需要自动识别异常情况并触发预警，例如烟雾报警、设备故障等，及时提醒相关人员采取应急措施。

2）设备维护与巡检管理。维护人员可以通过平台查看设备的维护计划和任务，并记录维护过程和结果。平台还提供巡检管理功能，包括巡检计划制订、巡检记录和异常处理等，确保设备的正常运行和故障的及时处理。

3）数据分析与优化。消防系统运维管理平台提供数据分析功能，对消防系统运行情况进行深入分析和优化；收集、存储和分析消防设备的运行数据，如报警记录、维护记录、设备状态等；通过对数据的统计和分析了解设备的健康状况、故障频率、维护成本等关键指标，并基于这些数据做出相应的决策和改进措施，提升整体的系统运行效率。

（2）消防系统运维效果

通过消防系统运维管理平台，该大厦消防系统的运维管理效率和安全性有了明显提高。首先，实时监控和预警管理提高了对消防设备状态的感知能力，减少了事故和灾害的风险；其次，设备维护和巡检工作得到了优化，大大减少了维护人员的工作量和人为差错。此外，数据分析帮助运维人员更好地了解消防系统的运行情况，为决策和改进提供了有力支持。

 任务实施

消防系统给我们的工作、生活带来安全保障，请你调研一幢建筑物的消防系统，以表格的形式记录各个系统的维保项目名称和维保频率。

 学习小结

本任务主要介绍了建筑消防系统日常管理和平台运维功能。

（1）建筑消防系统管理平台的日常管理，主要从设备档案管理、设备状态监测、报警事件管理、故障预警、远程操作、巡检管理、数据分析等方面进行。

（2）建筑消防系统的运维管理内容主要包括设备巡检与维护、报警事件处理、故障维修与处理、维护计划与执行、设备台账管理、数据分析与报告等。

知识拓展

码 3-1 消防报警及联动系统

习题与思考

1. 单选题

（1）（ ）适用于在环境温度不低于 4℃，且不高于 70℃的环境中使用。

A. 湿式系统　　　　　　　　　B. 干式系统

C. 预作用系统　　　　　　　　D. 雨淋系统

（2）发生火灾时，雨淋系统的雨淋阀由（ ）发出信号开启。

A. 闭式喷头　　　　　　　　　B. 开式喷头

C. 水流指示器　　　　　　　　D. 火灾报警控制器

2. 填空题

（1）火灾探测器根据其探测的物理量和工作不同可分为＿＿＿＿、＿＿＿＿、＿＿＿＿和＿＿＿＿、＿＿＿＿。

（2）火灾报警装置在火灾自动报警系统中，可以接收＿＿＿＿和＿＿＿＿火灾报警信号，并能发出控制信号和具有其他辅助功能。

（3）火灾警报器作为一种最基本的火灾警报装置，它以＿＿＿＿、＿＿＿＿等方式向报警区域发出火灾警报信号，以警示人们采取安全疏散、灭火救灾措施。

（4）报警监测主要监测消防系统的报警状态，包括＿＿＿＿、＿＿＿＿、＿＿＿＿等。

（5）一次完整有效的消防巡检应包括＿＿＿＿、＿＿＿＿、＿＿＿＿、巡检执行、＿＿＿＿、＿＿＿＿、＿＿＿＿。

3. 简答题

（1）火灾自动报警系统由哪些部分组成?

（2）雨淋喷水灭火系统必须具备什么条件?

（3）建筑消防系统运维平台主要有哪些功能?

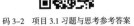

码 3-2 项目 3.1 习题与思考参考答案

项目 3.2　建筑安防系统

教学目标

一、知识目标

1.熟悉建筑安防系统的主要设施设备；

2.掌握建筑安防系统运维管理的主要内容与工作流程。

二、能力目标

1.会使用平台对建筑安防系统进行日常管理；

2.会使用平台对建筑安防系统进行故障排查。

三、素养目标

1.理解安防系统运维的重要性，能正确分析和处理问题；

2.牢记遵纪守法的法治理念，树立以人为本，安全第一的思想。

学习任务

了解建筑安防系统运维管理的工作内容与流程，能够熟练操作运维平台，实现对建筑安防系统的运行控制和维护管理。

建议学时

6 学时

思维导图

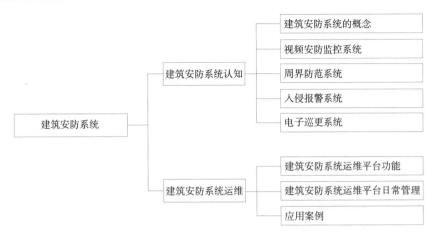

任务 3.2.1　建筑安防系统认知

 任务引入

　　建筑安防是指通过安装各类设备和采取相应的措施，保护建筑物及其内部的人员和财产免受犯罪活动、恶意破坏和其他安全威胁的侵害。建筑安防系统通常包括视频监控、入侵报警、门禁控制、安全巡逻等方面。通过视频监控系统，可以对建筑物内外进行实时监视和记录，提供对可疑行为和事件的监测和证据收集。

 知识与技能

1. 建筑安防系统的概念

（1）安全技术防范

　　所谓安全技术防范（一般简称为"技防"）是指以运用技防产品、实施技防工程为手段，结合各种相关现代科学技术，预防、制止违法犯罪和重大治安事故，维护社会公共安全的活动（《安全防范系统验收规则》GA 308—2001）。

　　我国的安全技术防范工作是从 1979 年公安部在河北省石家庄市召开的全国刑事技术预防专业工作会议之后才逐步开展起来的，至今也不过 40 多年的历史，但是发展的速度很快，到 2018 年底，国内从事安全技术防范行业的企业就有 3 万多家，从业人员达 160万人，每年的生产产值达 7183 亿元人民币。安全技术防范已形成了一种产业，安全技术防范事业正如日中天。

（2）安全防范技术与安全技术防范

安全防范技术通常分为三类：物理防范技术（Physical Protection）、电子防范技术（Electronic Protection）、生物统计学防范技术（Biometric Protection）。物理防范技术主要指实体防范技术，如建筑物和实体屏障以及与其匹配的各种实物设施、设备和产品（如门、窗、柜、锁等）；电子防范技术主要是指应用于安全防范的电子、通信、计算机与信息处理及其相关技术，如电子报警技术、视频监控技术、出入口控制技术、计算机网络技术以及相关的各种软件、系统工程等；生物统计学防范技术是法庭科学的物证鉴定技术和安全防范技术中的模式识别相结合的产物，主要是指利用人体的生物学特征进行安全技术防范的一种特殊技术门类，现在应用较广的有指纹、掌纹、眼纹、声纹等识别控制技术。

安全技术防范是以安全防范技术为先导，以人力防范为基础，以技术防范和实体防范为手段，所建立的一种具有探测、延迟、反应有序结合的安全防范服务保障体系，是以预防损失和预防犯罪为目的的一项公安业务和社会公共事业。对于警察执法部门而言，安全技术防范就是利用安全防范技术开展安全防范工作的一项公安业务；而对于社会经济部门来说，安全技术防范就是利用安全防范技术为社会公众提供一种安全服务的产业。

（3）安全技术防范系统的分类

安全技术防范技术是出于安全防范的目的，将具有防入侵、防盗窃、防抢劫、防破坏、防爆炸功能的专用设备和软件有效地组合成一个有机整体，构造成一个具有探测、延迟、反应综合功能的信息技术网络。根据《智能建筑设计标准》GB 50314—2015，安全技术防范系统主要包括视频安防监控系统、周界防范系统、入侵报警系统、电子巡更系统、楼宇对讲系统、安防控制中心等子系统。另外，由于门禁管理和出入口管理等系统也提供了身份识别和安全防范功能，也可纳入安全技术防范系统。

安全防范系统的各个子系统的安全防范功能不同，互相支持和补充，可以互相联动报警和控制，并且已朝着系统集成的方向发展。各系统共同在智能化建筑区域范围内形成一套完整的从外围、出入口、公共区域及通道、电梯直到用户房间的具有非法入侵探测、报警、出警支持等功能的网络。

从维护和管理安全技术防范系统的角度出发，各子系统的功能都可以归纳为报警功能、识别功能和管理功能三类。例如：入侵报警系统利用传感器技术和电子信息技术进行探测，一旦发生入侵或其他异常情况，报警器即可指示报警部位；视频安防监控系统利用视频技术探测、监视设防区域并实时显示、记录现场图像，实现对现场大区域的观察识别和近距离的特写；电子巡查系统应用计算机技术、RFID（射频识别）技术及通信技术，对保安的巡查路线、方式及过程进行管理和控制。

及时、有效处理警情，记录和保存所有实时的报警信息是安全管理的首要任务。因此，报警功能的系统维护除应保证系统完好外，还应保证报警准确、及时、记录完整，为此，一定要建立一套报警处理规定和预案，建立用户、园区、社会公安三级报警信息传输和管理网络。由于报警功能注重可靠、准确、及时，各类报警探测应区分一个阶级层次，一个防范入侵的区域应尽量提供多种报警探测的手段，报警信息的传输方式也应多样化。传输网络保持无占线状态，在有条件的情况下，报警信号应联动控制，有效地阻止入侵、监视现场、协助快速出警，报警系统的探测器布置应保持一定的冗余量，报警设备应保持在工作寿命周期内，且应保有主要备品备件等。

2. 视频安防监控系统

根据《安全防范工程技术标准》GB 50348—2018，视频安防监控系统（Video Surveillance & Control System，VSCS）为利用视频技术探测、监视设防区域并实时显示、记录现场图像的电子系统或网络。

视频安防监控系统一般由前端、传输、控制及显示记录四个主要部分组成。前端部分包括一台或多台摄像机以及与之配套的镜头、云台、防护罩、解码驱动器等；传输部分包括电缆和/或光缆，以及可能有的有线/无线信号调制解调设备等；控制部分主要包括视频切换器、云台镜头控制器、操作键盘、各类控制通信接口、电源和与之配套的控制台、监视器柜等；显示记录设备主要包括监视器、录像机、多画面分割器等。

视频安防监控系统基本可以分为两种类型，一种是本地独立工作，不支持网络传输、远程网络监控的监控系统。这种视频安防监控系统通常适用于内部应用，早期的视频安防监控系统普遍是这种类型。另一种既可在本地独立工作，也可联网协同工作，特点是支持远程网络监控，只要有密码有联网计算机，随时随地可以进行安防监控。

根据使用目的、保护范围、信息传输方式、控制方式等的不同，视频安防监控系统可有多种构成模式。

（1）简单对应模式。监视器和摄像机简单对应。

（2）时序切换模式。视频输出中至少有一路可进行视频图像的时序切换。

（3）矩阵切换模式。可以通过任一控制键盘，将任意一路前端视频输入信号切换到任意一路输出的监视器上，并可编制各种时序切换程序。

（4）数字视频网络虚拟交换/切换模式。模拟摄像机增加数字编码功能，称为网络摄像机，数字视频前端也可以是别的数字摄像机。数字交换传输网络可以是以太网和DDN、SDH等传输网络。数字编码设备可采用具有记录功能的DVR或视频服务器，数字视频的处理、控制和记录措施可以在前端、传输和显示的任何环节实施。

3. 周界防范系统

周界防范系统属于入侵探测报警系统的一种，它是在封闭区域周边围墙或护栏上安装入侵探测器，对人体入侵及移动进行探测的同时产生声光报警，并联动相关电子设备，以防范犯罪分子非法入侵的一种入侵报警系统。建立周界防范系统的目的是建立安全防范的第一道防线，把入侵尽可能控制在外围，尽量降低控制区域受到的侵害。

周界防范系统主要由多个前端报警探测器、编码报警信号传输部分和报警主机组成，实际应用中，周界报警系统可纳入区域型联网的110报警系统。

周界防范系统可以将不同种类、不同功能的探测器相互配合起来使用，组成一个具有综合防范功能（防入侵、防盗、防破坏）的安全防范报警系统。该系统应具有如下功能：

（1）周界报警探测器围绕周界围墙连续安装，不留有盲区，任何位置翻越围墙即可实时报警。

（2）整个系统可灵活布防，在布防状态下，一旦有人非法翻越围墙，系统立即报警。在报警的同时，管理中心在报警键盘上会显示报警区域状态、时间、报警类型等信息，同时在电子地图上显示报警的相应防区，提示管理人员进行处理，并将报警信息储存和打印。

（3）系统具有二级联网功能。二级联网是指在周界区域发生报警后，或者发生其他紧急状况时，安保中心人员手动向区域报警控制中心再报警的模式。

（4）系统报警响应时间小于或等于2s，报警持续时间大于2s，二级联网报警时间小于或等于20s。

（5）系统具有与其他报警系统（如视频安防监控系统、灯光报警系统等）的联动接口，可联动控制电视监控画面切换、录像等。

4. 入侵报警系统

根据《安全防范工程技术标准》GB 50348—2018中，入侵报警系统（Intruder Alarm System，IAS）为利用传感器技术和电子信息技术探测并指示非法进入或试图非法进入设防区域的行为、处理报警信息、发出报警信息的电子系统或网格。

入侵报警系统是安全防范系统的重要组成部分，是防止非法入侵的第二道防线，主要通过紧急按钮和技术探测等手段，利用信号传输、处理、记录达到区域范围内安全防范的分散布防、集中管理。用于发现人员非法入侵（如盗窃、抢劫），启动警示，并向住户和住宅小区物业管理的安全保卫部门发出警报信号。入侵报警系统常常与视频安防监控系统、门禁管理系统联动，形成有效的威慑，起到防范入侵的作用，入侵报警系统是用户最为关心的安全防范保障系统。

入侵报警系统设备包括集中报警控制器、管理计算机、入侵报警软件、报警控制器、门窗磁开关、玻璃破碎探测器、红外探测器、红外/微波双鉴探测器、紧急呼救按钮、报警扬声器、警铃、报警指示灯等，按照区域防范管理的要求，安保中心的集中报警控制器还应与110区域接警中心专线连通，形成住户、建筑安保、公安三级报警联网。

入侵报警系统包括控制中心、联网通信部分和楼内前端探测部分。控制中心集中报警控制器是整个系统的神经中枢，集中报警控制器设置在建筑的安保中心，集中报警控制器还同时输出联动控制信号，驱动并控制视频安防监控系统、报警和显示系统、门禁管理系统等进行报警处理。

常见的室内入侵系统工作方式和工作原理见表3-6。

常见的室内入侵系统工作方式和工作原理　　　　　　　　　　　　　表 3-6

工作方式	工作原理
门窗磁开关	利用磁钢控制干簧管或微动开关的原理，当门窗磁开关的两部分分离一定距离时，输出开关量信号，该信号传输给报警控制器进行报警
玻璃破碎探测器	当有人破坏玻璃而非法入侵时，玻璃破碎探测器探测到玻璃破碎的声音，并将信号传递至报警控制器进行报警
红外探测器	通过探测人体所辐射的一定波长的红外光来确定是否有人非法入侵
红外 / 微波双鉴探测器	采用红外 + 微波双重探测手段，探测人体温度和移动来判断是否有人非法入侵
紧急呼救按钮	一个自锁按钮开关，当遇到紧急情况时按下，将报警信息传递到安保中心
室内入侵报警主机	室内入侵报警系统的核心，报警主机连接各类探测器，控制报警扬声器、警铃、输出电话信号等

5. 电子巡更系统

根据《安全防范工程技术标准》GB 50348—2018，电子巡更系统（Guard Tour System）为对保安巡查人员的巡查路线、方式及过程进行管理和控制的电子系统。

电子巡更系统是利用碰触卡技术开发的安防管理系统，通过在巡更路上设定一定数量的检测点并安装巡检纽扣，保安人员以手持式巡更棒作为巡更签到牌，定时按照设定顺序巡检，巡更棒中可存储巡更签到信息，便于事后管理和报表打印。电子巡更系统可有效管理巡更员巡视活动，加强安保防范措施，是安全防范系统人防和技防相结合的辅助管理系统。

巡更系统由巡检信息钮、手持式巡更棒、巡更管理软件等组成，管理软件用于设定巡更的时间、次数要求以及线路走向等，并记录巡更员巡检日期、时间、地点等数据。管理人员可以随时在计算机中查询保安人员巡逻情况、打印巡检报告，并对失盗失职现象进行分析。

保安人员巡查前，首先用计算机采集器接触代表保安身份的个人标识钮，采集器则认定该标识钮被保安人员携带，便于管理系统识别人员。保安人员巡查各个重要地点时用采集器接触一下现场的地点标识钮，采集器精确记录当时的日期、时间、地点等信息，有时还可以设置代表各种现场情况的情况标识钮，最后通过计算机阅读器把计算机采集器中的日期、时间、地点、人物和事件等信息传递给计算机，通过相应的软件处理形成各种报告，供管理者查阅，使管理者对部下及管区工作了如指掌。

 任务实施

安防系统是建筑的重要组成部分，也是维护建筑室内外安全的重要手段，请根据知识学习以小组的形式进行校园调研，列出校园内各类建筑使用的安防系统，以及各个系统是如何运行的。

 学习小结

本任务主要介绍了建筑安防系统的概念和子系统。

（1）安防系统关键是以安全防范技术为先导，以人力防范为基础，以技术防范和实体防范为手段管理，通常分为物理防范技术、电子防范技术、生物统计学防范技术三类。

（2）安防系统主要包括视频安防监控系统、周界防范系统、入侵报警系统、电子巡更系统等子系统，各个子系统的安全防范功能不同，互相支持和补充，可以互相联动报警和控制。

任务 3.2.2　建筑安防系统运维

 任务引入

建筑安防系统能够提供集中化、智能化的建筑安防管理和监控。通过平台，可以实时监测建筑物内的安防设备状态、安全事件和入侵行为，进行预警和响应。平台集成了视频监控、入侵报警、门禁控制等多个安防系统，实现了统一管理和操作，提高了安防的效率和准确性。

 知识与技能

1. 建筑安防系统运维平台功能

（1）设备档案管理

通过设备档案管理，运维人员可以对安防系统中的各个设备进行全面管理和维护，确保设备的正常运行和及时处理问题。平台具体的功能可能会因平台和厂商的不同而有所差异，常见的设备档案管理类别见表3-7。

（2）设备监控功能

设备监控功能可帮助运维人员实时了解设备的运行状况，及时发现设备故障和异常情况，并采取相应的措施进行处理和修复。表3-8列举了一些常见建筑安防系统设备监测的功能、内容，具体的功能可能会因平台和厂商的不同而有所差异。

设备档案管理类别 表 3-7

名称	作用	记录内容
设备信息记录	记录每个安防设备的基本信息	设备类型、型号、厂商、安装位置等
设备配置管理	记录每个设备的配置参数	网络设置、摄像头参数、门禁权限等，方便后续配置和管理
设备状态监测	实时监测每个设备的在线状态和工作状态	设备连接状态、信号强度、电源状态等
设备维护记录	记录设备的维护历史	维修、更换部件、升级固件等维护操作，便于维护人员查阅
设备备份与恢复	支持对设备配置和参数进行备份，以便在需要时能够快速恢复设备的配置	设备配置、设备参数、恢复情况等
设备拓扑管理	展示设备之间的拓扑关系和连接方式，帮助运维人员了解设备的布局和连接情况	设备布局情况、设备连接关系等
设备告警与事件记录	记录设备的告警信息和事件记录	设备故障、异常状态等，方便后续的故障排查和分析
设备性能分析	对设备的性能指标进行监测和分析	带宽利用率、存储空间使用率等，帮助优化设备性能

常见建筑安防系统设备监测 表 3-8

名称	监测功能	监测内容
在线状态监测	实时监测设备的在线状态	设备是否连接到网络、通信是否正常等
工作状态监测	监测设备的工作状态	设备是否正常运行、工作负载是否过高、设备是否处于故障状态等
连接状态监测	监测设备与其他设备或系统的连接状态	摄像头与录像设备的连接状态、门禁设备与门禁系统的连接状态等
视频质量监测	监测摄像头的视频质量	图像清晰度、图像稳定性、视频帧率等
图像异常检测	对摄像头的图像进行异常检测	移动物体检测、人脸识别等，及时发现异常情况
门禁事件监测	监测门禁设备的情况	卡片刷卡记录、门的开关状态等，及时发现异常或非法门禁事件
报警事件监测	监测报警设备的报警事件	报警探测器触发、报警按钮按下等，及时发现安全问题
电源状态监测	监测设备的电源供应情况	电源是否正常、电池电量是否充足等
温度和湿度监测	对于需要特殊环境条件的设备，监测设备周围的温度和湿度	温度和湿度的实时数据
告警事件监测	监测设备的告警事件	设备故障、异常状态等，及时发现并响应设备问题

以下还列举出一些安防设备的运行状态下可以监测到的一些具体的数据指标，可用于实时监测安防设备的运行状态，帮助运维人员及时发现设备故障、异常事件和安全问

题，并采取适当的措施进行处理。具体的监测指标可能因设备类型、运维平台和需求而有所差异。

1）设备在线/离线状态：记录设备是否成功连接到网络或运行状态。

2）设备运行状态：标识设备是否正常工作、处于故障状态或停机状态。

3）资源利用率：衡量设备的资源利用情况，如 CPU 利用率、内存利用率等。

4）连接成功率：监测设备与其他设备或系统建立连接的成功率。

5）连接时延：测量设备建立连接所需的时间延迟。

6）图像清晰度：评估视频图像的清晰程度。

7）帧率：记录视频流每秒的帧数，用于衡量流畅性。

8）移动物体检测：监测摄像头图像中的移动物体，并发出警报。

9）人脸识别成功率：衡量人脸识别算法的准确性和可靠性。

10）刷卡记录：记录门禁设备的刷卡事件，包括时间和门的开关状态。

11）非法门禁事件：检测并记录非法门禁事件，如未授权人员进入。

12）报警触发：监测报警设备的触发事件，包括报警探测器的触发和报警按钮的按下。

13）报警响应时间：记录报警设备接收到报警事件并触发响应的时间。

14）电源供应状态：检测设备的电源供应情况，包括电源是否正常、电池电量是否充足等。

15）温度和湿度：监测设备周围的温度和湿度，以确保设备在适宜的环境下工作。

16）设备故障告警：检测设备故障并发出告警，如网络断开、存储故障等。

常见的监测方式有以下几种：

1）心跳检测。定期发送心跳信号到设备，检测设备是否在线。监测设备的响应时间，确保设备正常工作。

2）连接状态检测。检测设备与网络或其他设备之间的连接状态，例如利用 Ping 命令检测设备的连通性。监测设备与运维平台或服务器之间的连接状态，确保通信正常。

3）异常事件检测。使用图像分析算法检测移动物体、人脸识别等异常事件。监测门禁设备的刷卡记录和非法门禁事件。

4）告警事件监测。监测报警设备的触发事件和报警按钮按下事件。监测报警设备的告警响应时间，确保及时触发报警。

5）电源状态监测。监测设备的电源供应状态，包括电源是否正常供电和电池电量是否充足。

6）温度和湿度监测。安装温、湿度传感器，监测设备周围的温度和湿度。

7）日志分析。分析设备生成的日志文件，查找异常事件和错误信息。

8）远程监控。使用远程监控工具或应用程序，实时查看设备的运行状态和图像数据。

以上监测方式可以通过运维平台或监控系统实施，通过自动化的方式定期或实时监测设备的运行状态，帮助及时发现设备故障、异常事件和安全问题，并采取相应的措施进行处理。具体的监测方式和工具可以根据设备类型、厂商和系统需求进行选择。

建筑安防系统设备监控见图 3-6。

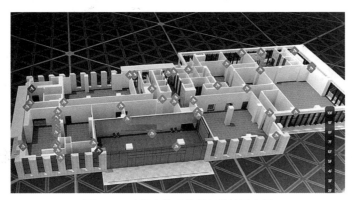

图 3-6　建筑安防系统设备监控示意图

（3）报警事件管理

安防系统运维平台的报警事件管理功能通常包括以下方面：

1）报警事件接收。接收来自安防设备的报警事件信息，如报警触发、传感器触发等。

2）报警事件分类。对接收到的报警事件进行分类和归类，便于后续处理和管理。

3）报警事件查看。显示报警事件的详细信息，包括报警类型、报警设备、报警时间等。

4）报警事件确认。对报警事件进行确认，确认报警的有效性和紧急程度。

5）报警事件处理流程。指定报警事件的处理流程，包括指派责任人、设定处理时限等。

6）报警事件处理记录。记录报警事件的处理过程和结果，包括处理人员、处理时间、处理措施等。

7）报警通知。将报警事件的相关信息发送给指定的人员或群组，如短信、邮件、消息推送等。

8）警示图标或标签。在运维平台的界面或设备列表中标记或显示报警事件，以引起注意。

9）报警事件记录和存档。将报警事件的记录和相关信息进行存档，便于后续查询、分析和审查。

10）报警事件统计和分析。对报警事件进行统计和分析，生成报警事件的趋势、频率、分布等报表或图表。

11）报警事件追踪和回溯。追踪和回溯特定报警事件的处理过程和相关操作记录，便于事后审查和溯源。

12）报警事件的自动化处理。根据预设的规则和策略，自动处理部分报警事件或触发相应的自动化操作。

建筑安防系统设备报警事件管理见图 3-7。

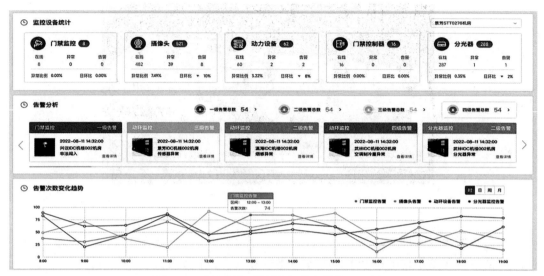

图 3-7　建筑安防系统设备报警事件管理示意图

以上功能可根据具体的安防系统运维平台的设计和需求进行定制和扩展。它们帮助运维人员有效管理报警事件、及时响应和处理问题，并提供监控和安全保障。

（4）故障预警

故障预警通常包括以下几种：

1）设备离线预警。监测设备的在线状态，当设备离线或无响应时发出预警通知。

2）设备故障预测。基于设备的运行数据和历史统计信息，通过算法预测设备可能出现的故障，并提前发出预警。

3）网络连接异常预警。监测设备与网络连接的状态，如网络断开、连接质量差等，发现异常时发出预警通知。

4）连接时延预警。监测设备连接的时延，如果连接时延超过设定阈值，发出预警通知。

（5）远程操作

远程操作通常包括以下几种：

1）远程视频监控。通过远程连接，实时查看摄像头的视频图像，并进行云台控制、缩放、录像等操作。

2）远程门禁控制。通过远程控制，远程开启或关闭门禁设备，控制门禁通行权限，远程开门等。

3）远程报警查看。通过远程连接，实时查看报警设备的报警信息，包括报警触发时间、位置、报警类型等。

4）远程报警处理。通过远程控制，对报警设备进行处理，如远程启动报警器、停止报警通知等。

5）远程设备配置。可以通过远程方式对摄像头、门禁设备和报警设备的参数和设置进行配置，包括网络设置、触发规则、通知方式等。

6）远程巡检和诊断。通过远程连接，对摄像头、门禁设备和报警设备进行巡检和诊断，检查设备的运行状态、网络连接等。

建筑安防系统设备远程操作见图 3-8。

图 3-8　建筑安防系统设备远程操作示意图

（6）巡检管理

安防运维平台的功能设备巡检管理功能通常包括以下方面：

1）巡检计划管理。创建、编辑和管理设备巡检计划，包括巡检频率、巡检内容和巡检人员等。

2）巡检任务派发。将巡检任务分配给指定的运维人员或团队，确保巡检任务的执行。

3）巡检项定义。定义设备巡检的具体内容和要求，包括巡检指标、检查方法和标准等。

4）巡检数据采集。运维人员使用巡检工具或移动设备进行现场巡检，采集设备状态、数据指标和问题记录等信息。

5）巡检结果记录。记录巡检任务的执行情况和结果，包括巡检时间、巡检人员、巡检项状态和异常情况等。

6）异常处理和报告。对巡检中发现的异常情况进行处理和记录，生成巡检报告，包括问题描述、解决方案和建议等。

7）巡检历史记录和分析。保存和管理巡检任务的历史记录，提供查询和分析功能，以了解设备巡检的趋势和改进措施。

8）提醒和通知功能。通过提醒和通知方式，提醒运维人员进行设备巡检任务，并及时通知异常情况和处理进展。

这些巡检管理功能可以帮助运维人员规划、执行和跟踪设备巡检任务，确保设备的正常运行和故障预防。具体的巡检管理功能可能会因安防运维平台的不同而有所差异。

（7）数据分析

常见的安防运维平台的数据分析功能可以从以下方面进行描述。

1）设备运行状态分析：对安防设备的运行状态数据进行分析，包括在线时长、故障频率、离线情况等，评估设备的稳定性和可靠性。

2）报警事件分析：分析报警事件的发生频率、类型分布、触发条件等，了解安防系统的安全性和报警规则的有效性。

3）视频监控分析：对摄像头视频进行分析，如人流量统计、异常行为检测、目标识别等，提供实时监控和预警功能。

4）客流统计分析：通过门禁设备和人脸识别等技术，对建筑内人员流动进行统计和分析，优化建筑的安全和管理。

5）历史数据趋势分析：对安防设备和报警事件的历史数据进行趋势分析，了解设备运行状况的变化趋势和报警事件的发展情况。

6）故障预测和预警分析：通过数据分析和算法模型，预测设备故障的可能性，并提供预警和推荐措施，提前进行维护和修复。

7）安全事件溯源分析：对安防系统中的安全事件进行溯源分析，追踪事件的来源、路径和影响，帮助识别安全威胁和采取相应措施。

8）设备性能优化分析：通过对设备运行数据的分析，提供设备性能优化建议，如调整参数、增加设备数量、优化布局等，提高系统性能和效率。

这些数据分析功能可以帮助园区管理人员和运维人员深入了解安防系统的运行情况，发现问题、优化设备配置和管理策略，从而提升建筑的安全性和管理水平。具体的数据分析功能可能会因不同的建筑安防运维平台而有所差异。

2. 建筑安防系统运维平台日常管理

（1）建筑安防系统运维平台的意义

建筑安防系统运维平台的意义在于提供全面的管理和监控功能，以确保安防系统的稳定性、可靠性和高效性，主要体现在以下几个方面：

1）统一管理和监控：安防系统运维平台提供统一的管理和监控界面，集成各类安防设备和系统，方便运维人员对系统进行集中管理和监控。通过平台，可以实时监测设备状态、报警信息和系统运行情况，提高管理的效率和可控性。

2）故障预警和快速响应：运维平台可以通过实时监测和分析设备数据，提供故障预警功能。一旦发现设备故障或异常，平台可以及时发送警报通知运维人员，以便快速响应和解决问题，减少系统故障对安全性的影响。

3）故障诊断和远程支持：安防系统运维平台提供故障诊断功能，帮助运维人员快速定位和解决设备故障。同时，平台还支持远程访问和控制设备，使运维人员可以通过网络远程操作设备、收集日志和进行故障排除，减少现场维护的时间和成本。

4）数据分析和优化：可以对运维平台收集和存储的大量设备数据和日志信息，进行数据分析和挖掘，提供有价值的信息和见解。通过对设备性能和运行数据的分析，可以发现潜在问题和优化空间，提供改进建议和优化方案，提高系统的性能和效率。

5）巡检和维护管理：运维平台可以记录设备的巡检和维护情况，包括巡检时间、巡检内容、维护记录等。这有助于规范和管理设备的巡检和维护工作，确保设备的正常运行和有效性。

6）统计和报表生成：运维平台可以生成各类统计和报表，包括设备运行状态、故障处理情况、报警统计等。这些报表可以帮助管理层了解系统的运行情况和效果，支持决策和改进安防策略。

（2）建筑安防系统运维平台的维护内容

建筑安防系统运维平台的应用，可以更加高效地完成安防系统的日常维护工作，提高工作效率和设备可靠性，确保安防系统的安全和有效运行。

建筑安防系统运维平台的主要维护内容包括：

1）记录系统异常时告警信息；

2）分析系统异常时告警信息；

3）判别系统异常告警原因；

4）反馈系统异常告警信息。

 应用案例

1. 项目安防系统情况

某建筑大厦拥有大量的安防设备，包括摄像头、门禁系统、报警系统等。为了提高安全性和管理效率，需要运用安防系统运维平台，实现对安防设备的统一管理、实时监控和故障预警。

2. 建筑消防系统运维情况

（1）安防系统运维方案

1）设备管理和监控。通过安防系统运维平台，实现对所有安防设备的集中管理和监控。运维人员可以在平台上查看设备的实时状态、运行状况和报警信息；通过图形化界面，可以轻松地监控设备的工作状态、摄像头的画面、门禁设备的刷卡记录等。

2）故障预警和快速响应。安防系统运维平台提供故障预警功能，当设备出现故障或异常时，平台会发送警报通知运维人员。运维人员接收警报，查看设备的故障详情，并迅速采取响应措施，如远程重启设备、派遣维修人员等，以保障安防系统稳定运行。

3）数据分析和优化。平台可以收集并存储大量的设备数据和日志信息。管理人员利用平台的数据分析功能，对设备的性能、工作负荷、故障频率等进行分析和挖掘。通过分析结果，发现设备的优化空间和改进方向，进一步提高设备的可靠性和运行效率。

4）巡检和维护管理。通过安防系统运维平台，管理人员可以记录设备的巡检和维护情况，包括巡检时间、巡检内容、维护记录等。平台提供巡检计划和任务管理功能，运维人员可以根据计划执行巡检任务，并在平台上记录巡检结果和维护措施。

5）报表生成：安防系统运维平台可以生成各类统计和报表，包括设备的工作状态、故障处理情况、巡检和维护记录等。管理方可以通过这些报表了解设备的运行情况、故障处理效率、巡检和维护的执行情况等。

（2）安防系统运维效果

通过安防系统运维管理平台，管理人员可以实现对安防系统的统一管理、实时监控、故障预警和快速响应、数据分析和优化、巡检和维护管理等，提升安全管理效率和安全响应速度，优化设备运行和维护，为大厦的安全提供可靠的支持。其主要体现在：

1）提高安全响应速度：故障预警和快速响应功能可以帮助管理人员及时发现和处理设备故障，减少系统故障对安全性的影响，并加快安全响应的速度，提高建筑的安全防护能力。

2）数据驱动的优化。通过平台提供的数据分析功能，管理人员可以深入了解设备的性能和运行情况，发现问题和优化空间，优化设备配置、维护策略和安防措施，提高设备的可靠性和运行效率。

3）规范化管理和记录。巡检和维护管理功能使管理方能够规范和记录设备的巡检和维护工作，确保工作的有序进行，并提供可追溯的维护记录，方便审计和追踪问题。

 任务实施

安防系统给我们的工作、生活带来了安全保障，请同学们以小组为单位调研校园的安防系统是如何运行和维护的。

学习小结

本任务主要介绍了建筑安防系统运维平台的功能和建筑安防系统运维平台的维护内容。

（1）建筑安防系统运维平台功能主要包括设备档案管理、设备监控功能、报警事件管理、故障预警、远程操作、巡检管理、数据分析等。

（2）建筑安防系统运维平台的维护内容主要包括记录系统异常时告警信息、分析系统异常时告警信息、判别系统异常告警原因、反馈系统异常告警信息等。

知识拓展

码 3-3　智能安防系统

习题与思考

1. 单选题

（1）下列不属于安全技术防范系统的发展趋势的是（　　）。

A. 数字化　　　　　　　　　　B. 网络化

C. 智能化　　　　　　　　　　D. 模拟化

（2）采用多层分级的结构形式，具有微内核技术的实时多任务、多用户及分布式操作系统是（　　）系统。

A. 分散式　　　　　　　　　　B. 集散式

C. 集中式　　　　　　　　　　D. 主动式

2. 填空题

（1）安全技术防范是以＿＿＿＿为先导，以＿＿＿＿为基础，以＿＿＿＿为手段，所建立的一种具有探测、延迟、反应有序结合的安全防范服务保障体系。

（2）安全技术防范工程是＿＿＿＿、＿＿＿＿、＿＿＿＿、＿＿＿＿的综合产物。

（3）安全防护水平既与安全技术防范工程设施的＿＿＿＿、＿＿＿＿、＿＿＿＿等因素有关，更与系统的维护、使用、管理等因素有关。

（4）安全技术防范系统的结构模式经历了一个由＿＿＿＿到＿＿＿＿、由分散到组合再到集成的发展变化过程。

3. 问答题

（1）安全技术防范系统工程基本概念是什么？

（2）风险等级与防护级别的关系是怎样的？

（3）安全技术防范系统主要由哪些子系统构成？

（4）安全技术防范系统的发展趋势是什么？

码 3-4　项目 3.2 习题与思考参考答案

建筑能耗监测系统

建筑能耗监测系统认知
建筑能耗监测系统运维

绿色能源应用系统

绿色能源应用系统认知
绿色能源应用系统运维

建筑碳计算系统

建筑碳计算系统认知
建筑碳计算系统运维

项目 4.1　建筑能耗监测系统

教学目标 📖

一、知识目标

1. 熟悉建筑能耗监测系统的主要管理范畴；
2. 掌握建筑能耗监测系统运维管理的主要内容。

二、能力目标

1. 会使用平台对建筑能耗监测系统进行操作；
2. 会使用平台对建筑能耗进行日常管理。

三、素养目标

1. 具备民族自豪感和大国使命感；
2. 树立以人为本思想，具备安全环保节能降耗意识。

学习任务 ▦

了解建筑能耗监测管理的主要内容，学习建筑能耗监测管理运维功能，能够熟练操作运维平台，实现对建筑能耗的管理。

建议学时 ⟦⟧

4 学时

思维导图

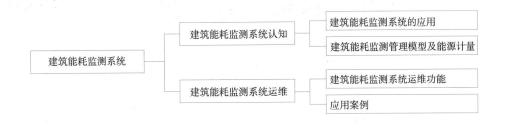

任务 4.1.1　建筑能耗监测系统认知

 任务引入

　　建筑能耗监测系统作为一种技术监督手段，可以准确、完整、及时地了解建筑能耗的具体数据，从而能更深层次地部署、协调、服务、监督节能工作，以达到提高能源利用率，降低能耗的目的。

 知识与技能

1. 建筑能耗监测系统的应用

　　建筑能耗监测系统的应用是为了满足国家对公建能耗统计、分项计量和能耗报表上传的要求进行建筑能耗数据分析，助力建筑能源管理由粗放型转变为精细型的科学管理，实现建筑系统的持续节能运行，降低能源费用。

　　建筑能耗监测系统应用的网络架构可采用 C/S 架构或 B/S 架构建设，其中 B/S 架构因其具有业务扩展简单方便、可以随时随地进行业务处理等优势，在运维端应用更广泛。建筑运维人员可通过电脑端、手机端等方式实现多人员共享协同的管理，实现建筑能耗监测高效运维管理。

　　建筑能耗监测系统应用的系统架构在一般建设工程中可分为数据感知、采集控制、应用业务三个层级，系统架构示意如图 4-1 所示。

　　（1）数据感知层是能耗监测数据的基础来源，主要为现场各类支持远程传输的通信计量装置仪表的数据和需人工手动抄表的机械表数据，以及第三方系统相关系统或设备的参数数据。

　　（2）采集控制层执行能耗监测数据的采集，实现与各建筑管理系统数据的交互，包括空调系统、给水排水系统、供配电系统及其他相关系统。

119

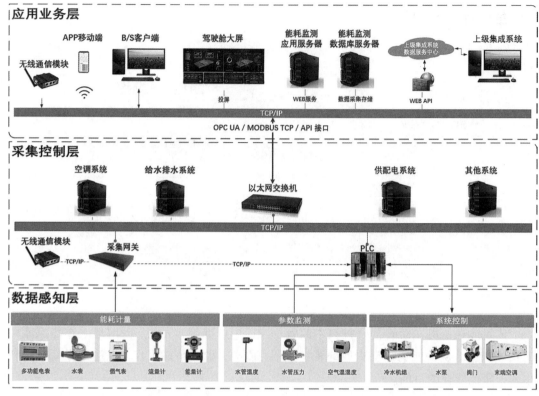

图4-1 能耗监测系统架构图

（3）应用业务层配置服务器及数据库，执行各类能源数据对接、采集、处理及存储，常规建设配置应用服务器和数据服务器，当对容错性要求较高时应配置冗余服务器。配置工作站进行软件平台业务管理交互应用。

2. 建筑能耗监测管理模型及能源计量

（1）建筑能耗监测管理模型

建筑能耗监测管理模型是建筑能耗内在关联的体现，在指导能耗监测系统运维、优化建筑能源调度方案、提高能源利用效率等方面具有重要的作用，是实现高效运维管理的前提。

能耗模型一定是以对建筑系统实际项目资料的收集、整理和分析为基础，根据能耗点位设置，从纵向（供应侧至用能末端）和横向（不同部门或系统）进行能耗点梳理，满足深度和广度的管理要求。能耗监测相关数据应分层进行统计，通常包含管理部门、计量建筑区域、系统设备、计量仪表等层级，不同层级基于能耗梳理按用能属性分项进行管理模型搭建，最终结合实际建筑能耗管理需求建立准确完整的模型。

（2）能源介质及计量装置

建筑能耗监测的能源介质类型通常包括：电能、自来水、纯水、污水、天然气、蒸汽、压缩空气、冷水、热水等，实际工程中主要从建筑电力、水处理、气体、暖通等专业管理考虑，各专业负责不同能源介质消耗的监测与管理工作。

根据建筑能耗监测的能源介质类型不同设置相应计量装置（表4-1）。

建筑能耗监测的能源介质及计量装置   表 4-1

管理专业	能源介质	计量装置	计量装置图例	计量参数
电力	电能	智能电表		累计电能
水处理	自来水 纯水 污水 ……	水表 水流量计		累计流量
气体	天然气 蒸汽 压缩空气 ……	燃气表 气体流量计		累计流量
暖通	冷水 热水 ……	能量计		累计能量

除了使用运维软件系统进行能耗数据的监测分析外，还要将能耗监测仪表的检修维护管理纳入建筑系统的日常管理，定期对能源计量装置进行检查，标定校正与评估，记录该设备的使用情况，评估其使用年限，对数据不准确的设备进行维修与更换，建立能耗计量设备管理档案与维护制度，保证数据可靠性。

 任务实施

建筑能耗监测系统实时采集各类能源的消耗数据，作为建筑管理的上层运维系统，通常不会直接采集现场仪表，而是通过与其他建筑管理系统对接能源相关数据。请你通过知识学习、文献查阅以及各类形式的调研，总结归纳对接其他管理系统能源数据会涉及的数据通信协议。

 学习小结

本任务主要介绍了建筑能耗监测系统的应用和建筑能耗监测管理模型及能源计量。

（1）建筑能耗监测系统建设主要根据应用需求搭建适合的网络架构，一般建设工程可分为数据感知、采集控制、应用业务三个层级的系统架构，以实现能耗监测数据的采集传输、计算处理及业务呈现，作为建筑能耗监测系统应用的基础。

（2）建筑能耗监测应用管理涉及的能源类型很多，相关系统设备复杂，通过搭建建筑能耗监测管理模型来直观体现建筑能耗内在关联，基于模型对不同能源类型在不同层级的管理需求点设置计量装置，保证建筑能耗监测管理数据的完整性。

<h1 style="text-align:center">任务 4.1.2 建筑能耗监测系统运维</h1>

 任务引入

建筑能耗监测系统可以通过软件管理平台对建筑内不同区域、不同系统的能耗情况和趋势进行实时监测，结合多项能耗分析功能进行能源管理分析，帮助建筑运维人员及时发现用能异常点，采取相应措施处理问题，实现提高能源利用效率、降低建筑运维能耗成本的目的。

 知识与技能

建筑能耗监测系统运维功能

（1）计量仪表管理

具备计量仪表数据点绑定、仪表实时监测及数据采集处理功能，管理人员可通过应用此功能对计量仪表的基本情况进行统一维护管理，配备计量仪表情况汇总查询功能，支持分类（电表、水表、流量计、能量计）统计与查询，如图4-2所示。

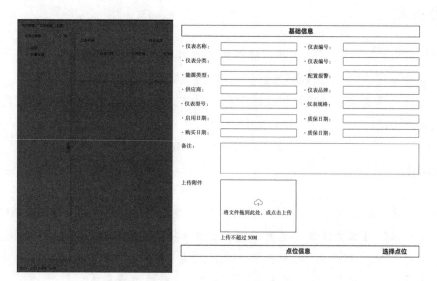

图4-2 计量仪表管理

（2）计量区域管理

管理人员可以进行自定义计量区域调整管理，可绑定底层仪表并配置公式进行不同计量区域的数据计算，满足不同层级（宜包含工厂、车间、楼层、系统、设备等）、不同维度（宜包含支路、分项、建筑、系统等）的能耗统计配置，也可将设备/仪表与空间、系统关联，将计量区域与部门、空间、系统绑定，实现能耗精准管理，如图4-3所示。

图4-3　计量区域管理

（3）能耗统计趋势分析

管理人员可通过能耗趋势曲线分析某一建筑区域或系统设备能耗变化趋势情况，快速获取计算周期内能耗总累计、最大值、最小值、平均值等数据，如图4-4所示。

图4-4　能耗统计趋势分析

（4）能耗对比排名分析

通过能耗排名条形图、占比饼状图等，对不同建筑区域或系统设备的同类能源消耗情况进行排名分析，展示能耗总值及各排名分析对象占比，如图4-5所示。

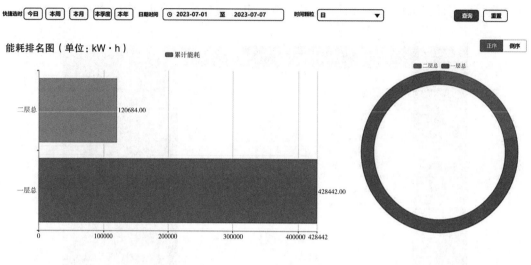

图4-5　能耗对比排名分析

（5）能耗同比环比分析

通过统计能耗值及同比、环比值，明确不同建筑区域或系统设备能耗同比、环比增减趋势。能耗环比分析帮助管理人员掌握连续计量周期的能耗变化情况，如图4-6所示。能耗同比分析帮助管理人员掌握当前计量周期与前一年同期的能耗变化情况，如图4-7所示。

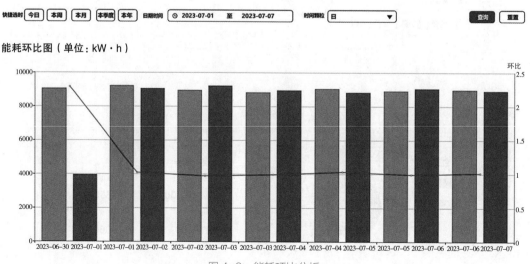

图4-6　能耗环比分析

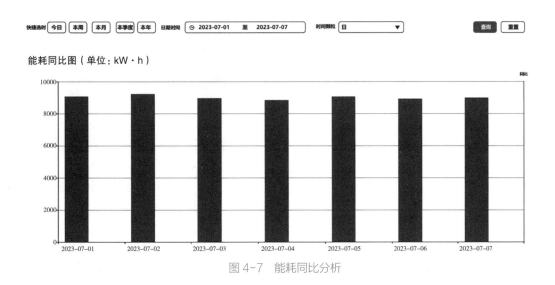

图 4-7　能耗同比分析

（6）能源平衡分析

能源平衡分析管理的应用，能够帮助管理人员直观查看企业不同层级组织单位的用能流向，便于更好地反映企业在能源购入、加工转换、分配输送、最终使用等方面的平衡关系。通常应用桑基能量平衡图或系统流程图，对重点用能工序、系统设备的能耗数据进行组态化实时监测，如图 4-8 所示。

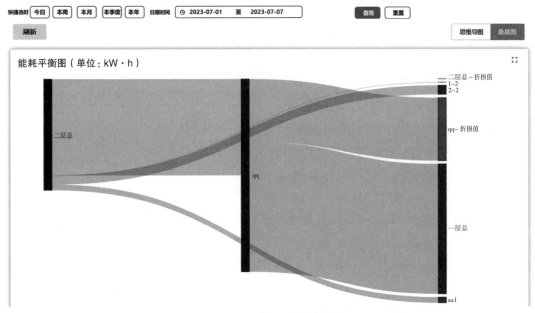

图 4-8　能源平衡分析

（7）能源绩效管理

管理人员能够自定义配置不同层级、维度相应的能源绩效参数及能耗基准，如图 4-9所示。平台主动对监测数据进行比较，当发生重大偏差后自动追溯能耗数据异常点，生

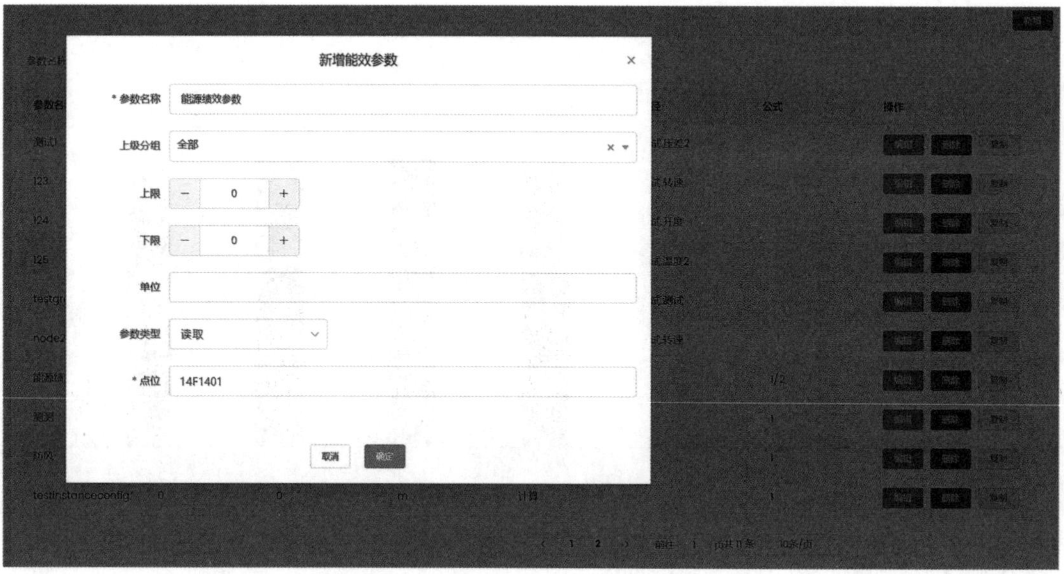

图 4-9　能源绩效管理配置

成异常分析结果报告，定向推送责任人进行问题处理，包含直接测量和综合计算的异常分析。同时进行实时绩效统计，可随时查看绩效数据与标准值的差别，指导下一步能源管理工作。

（8）能耗异常告警

平台基于具备超限报警、异常分析的管理功能项，实时存储和发布能耗异常 / 能耗指标超标的预警 / 报警信息，支持对各种报警日志、报警历史信息进行查询。具备 PC 端、APP 端、短信、邮件、钉钉、微信等不同载体方式，根据企业使用需求配置推送，可将警报定向推送相关人员，如图 4–10 所示。

（9）能耗报表管理

平台根据能源监测数据，依据能源管理或节能分析要求，为管理人员提供可快速查看的基础数据报表，如图 4–11 所示。

图 4–10　能耗异常告警配置

也可根据企业内部管理的需求对报表样式、统计数据和统计周期进行自定义，满足差异化的报表应用需求。

计量区域名称	2023-07-01	2023-07-02	2023-07-03	2023-07-04	2023-07-05	2023-07-06	2023-07-07	2023-07-08
一层总	33422	32536	32275	30750	31720	32139	31309	32896
二层总	9048	9211	8937	8809	9032	8898	8959	9077
合计	42470	41747	41212	39559	40752	41037	40268	41973

图 4-11　能耗报表管理

（10）能耗监测数据可视化

平台可从不同管理功能项获取关键数据及信息，以可视化数据大屏形式展示企业建筑能耗监测的整体状况，如图 4-12 所示，可包括综合用能情况，按建筑、按系统、能源分项、各能源消费总量等关键数据呈现，帮助管理者快速掌握关键用能信息。

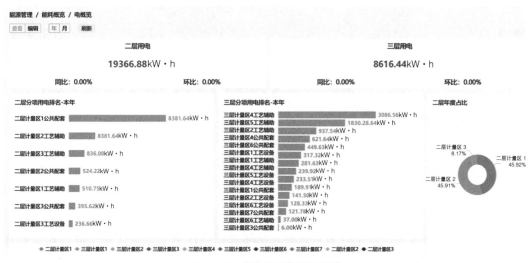

图 4-12　能耗监测概览驾驶舱

 应用案例

建筑能耗监测系统运维情况

某建筑的能耗监测主要是用水用电的能耗监测，在建筑内划分监测区域并安装智能水电表和传感器设备，实时对水电消耗情况进行动态监测，平台可以对水电能耗数据进行分析，识别出高能耗区域或能耗异常的情况。基于数据分析结果，平台可以提供优化建议，如节能措施、设备调整或能源管理策略，以减少能耗并提高系统的效率。

建筑能耗监测管理界面见图 4-13。

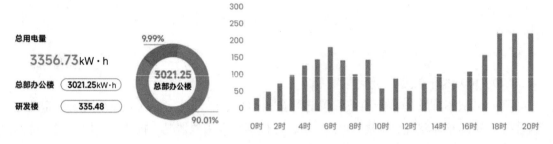

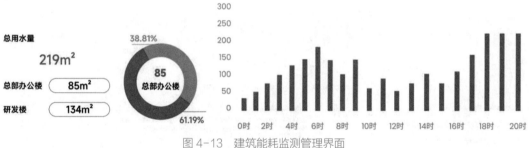

图 4-13　建筑能耗监测管理界面

 任务实施

建筑能耗监测系统运维是建筑日常管理的重要组成部分，是现代建筑节能管理的有效辅助手段。请你通过知识学习、文献查阅以及各类形式的调研，总结归纳建筑能耗监测系统软件平台涉及技术的应用。

 学习小结

本任务主要介绍了建筑能耗监测系统运维功能。

建筑能耗监测系统软件平台应用于建筑，改变了传统的能源管理模式，实现了高效运维管理，系统平台涵盖了计量仪表管理、计量区域管理等一些基础数据监测与处理运维应用，其主要运维管理在于能耗统计趋势分析、能耗对比排名分析、能耗同比环比分析、能耗平衡分析、能耗绩效管理、能耗异常告警、能耗报表管理、能耗监测数据可视化等功能。

知识拓展

码 4-1　建筑能耗与建筑节能　　　码 4-2　建筑能耗监测系统

习题与思考

1. 单选题

（1）下列建筑运维参数属于能耗监测计量参数的是（　　　）。

A. 电流　　　　　　　　　　　　B. 温度

C. 瞬时流量　　　　　　　　　　D. 累计流量

（2）下列不属于建筑能耗监测系统运维功能的是（　　　）。

A. 计量仪表管理　　　　　　　　B. 能耗对比排名

C. 空调监控运行　　　　　　　　D. 能耗统计

2. 填空题

（1）建筑能耗监测系统的网路架构建设可采用_____或_____架构。

（2）能耗管理模型搭建应从_____和_____维度进行能耗点梳理。

（3）建筑能耗监测数据实时监测的能源数据主要有_____、_____、_____等。

3. 简答题

（1）在建筑能耗管理中都涉及哪些能源类型？其是如何管理的？

（2）建筑能耗监测系统运维主要有哪些功能？

码 4-3　项目 4.1 习题与思考参考答案

项目 4.2　绿色能源应用系统

教学目标 📖

　　一、知识目标

1. 了解绿色能源的类别及技术；

2. 掌握建筑绿色能源应用系统运维管理的主要内容。

　　二、能力目标

1. 会使用平台对建筑绿色能源应用系统进行操作；

2. 会使用平台对绿色能源应用进行管理。

　　三、素养目标

1. 培养学生绿色能源意识，树立绿色环保理念；

2. 激发学生大国责任精神，树立专业自信心和民族自豪感。

学习任务 🖥

　　了解绿色能源及在建筑上应用的绿色能源技术，学习绿色能源应用系统管理运维功能，能够熟练操作运维平台，实现对建筑绿色能源的管理。

建议学时 ⌖

　　4 学时

思维导图

任务 4.2.1　绿色能源应用系统认知

任务引入

在建筑上有效应用太阳能、风能、地热能等绿色能源，不仅可以代替有限的传统能源，而且可以减少污染物的排放，保护生态环境。

知识与技能

1. 绿色能源的概念

现在应用的能源主要是以煤炭、石油、天然气为主的不可再生能源。这些能源在使用过程中会排放大量的有害物质（二氧化碳、硫、氮氧化合物等），是造成大气污染和生态环境破坏的重要原因。在"双碳"目标背景下，提倡建筑使用绿色能源来减少污染物的排放，也是改善生存环境、提高生活质量的一种有效的方法。

清洁能源，即绿色能源，是指不排放污染物、能够直接用于生产生活的能源，它包括核能和可再生能源。传统意义上，清洁能源指的是对环境友好的能源，意思为环保，排放少，污染程度小。但是这个概念不够准确，容易让人们误以为是对能源的分类，认为能源有清洁与不清洁之分，从而误解清洁能源的本意。清洁能源（绿色能源）的准确定义应是：对能源清洁、高效、系统化应用的技术体系，含义有三点：第一，清洁能源不是对能源的简单分类，而是指能源利用的技术体系；第二，清洁能源不但强调清洁性同时也强调经济性；第三，清洁能源的清洁性指的是符合一定的排放标准。

可再生能源，是指原材料可以再生的能源，如水力发电、风力发电、太阳能、生物能（沼气）、地热能（包括地源和水源）、海潮能等。可再生能源不存在能源耗竭的可能，因此，可再生能源的开发利用，日益受到国家的重视，也广泛应用在建筑行业中。

131

2. 绿色能源技术在建筑上的应用

建筑绿色能源应用包括太阳能光伏发电、太阳能热水、风力发电、地源热泵等技术，可以用于建筑的供暖、制冷、照明等能耗领域，有效降低建筑的能耗和碳排放。

（1）太阳能光伏发电系统

太阳能是我们可利用的最清洁、最丰富的能源。在建筑屋顶或墙面安装太阳能光伏发电系统，如图 4-14 所示，可以将太阳辐射能直接转换成电能，利用蓄电池组贮存太阳能电池受光照所发出的电能，并可以随时向用电设备供电，从而满足楼内的动力和照明系统的用电需求。太阳能光伏发电技术具有许多优点，如安全可靠、无污染、不消耗常规燃料、不受地域限制、维修简便、适合在建筑物上安装等特点，是最具发展前途的绿色能源利用技术。

（2）太阳能热水系统

建筑太阳能热水系统可应用到某些地区冬季采暖，通过铺设在建筑屋顶或适宜区域的太阳能集热管采集热能，再通过循环系统，循环到室内的散热器来进行采暖或传输到保温水箱提供生产、生活用的热水，如图 4-15 所示。

图 4-14　太阳能光伏发电系统

图 4-15　太阳能热水系统

（3）风力发电系统

风力发电系统是一种建筑新能源应用方式，可以架设在屋顶，为建筑提供源源不断的绿色能源。风力发电机多种多样，但归纳起来可分为两类：①水平轴风力发电机，风轮的旋转轴与风向平行；②垂直轴风力发电机，风轮的旋转轴垂直于地面或者气流的方向。垂直轴风力发电机同水平轴风力发电机相比，有安全性相对较高（破坏半径小）、抗台风能力强，无噪声，不受风向改变的影响，维护较简单等优点，是建筑上使用的新型能源设备和节能设备，更适用于风力发电建筑一体化的发展，如图 4-16 所示。

（4）地源热泵系统

地源热泵技术在建筑空调系统上运用如图 4-17 所示。与太阳能相比，地热能更加稳定，一般不是直接使用地热能，而是结合建筑内部结构的实际情况将其转化为热能或电

图4-16 垂直轴风力发电机系统

图 4-17 地源热泵技术

能后，再加以利用，一定程度上可以代替传统的不可再生资源。建筑企业通常利用地源热泵来收集地热能，并将其转化为热能和电能，为建筑内部活动提供能量。

 任务实施

绿色能源在建筑、交通等各行各业广泛应用，可以减少对化石能源的依赖，从而降低大气污染和温室气体的排放。请你通过知识学习、文献查阅以及各类形式的调研，总结归纳在其他不同行业的绿色能源技术的应用情况。

 学习小结

本任务主要介绍了绿色能源的概念和绿色能源技术在建筑上的应用。

（1）可再生能源，不存在能源耗竭的可能，主要包含水力发电、风力发电、太阳能、生物能（沼气）、地热能（包括地源和水源）、海潮能等，使用绿色能源可有效减少污染物的排放。

（2）随着科技的不断发展，绿色能源技术的应用范围会越来越广泛，在国家可持续发展中起到关键作用。在建筑管理中较多应用的绿色能源技术主要包括太阳能光伏发电、太阳能热水、风力发电、地源热泵等。

任务 4.2.2　绿色能源应用系统运维

 任务引入

　　绿色能源应用系统运维可以通过对绿色能源应用系统进行监测管理，提高绿色能源的利用率和经济性。可视化展示绿色能源数据，帮助建筑运维人员快速掌握建筑绿色能源应用情况，进一步提高能源利用效率。

 知识与技能

绿色能源应用系统运维功能

（1）绿色能源系统设备状态监控

　　系统平台可以实时监测光伏发电、光能蓄热、风力发电、地源热泵等某类系统站点的数据，监测绿色能源利用转换（光伏发电量、风力发电量、热能循环量等）的数据变化趋势。设备监测管理根据设备类型的分类，可以通过专用的实时通道获取每个设备的实时采集数据，包括设备状态、设备运行参数及设备故障告警信息，如图4-18所示。

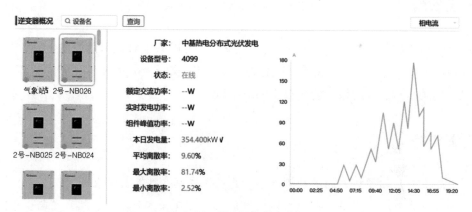

图4-18　站点设备状态监控

（2）绿色能源应用数据分析

　　数据分析模块可以根据不同的时间维度，分别统计站点、设备的绿色能源转换利用情况，包括绿色能源技术应用系统设备运行参数、能源转换量（发电量、集热量等）、转换效率、能耗、费用等。根据各绿色能源系统特性，结合大数据分析方法，对关联参数进行综合分析和对比，可以评估经济性和效益，并制定相应的优化方案，提高绿色能源的利用效率，如图4-19所示。

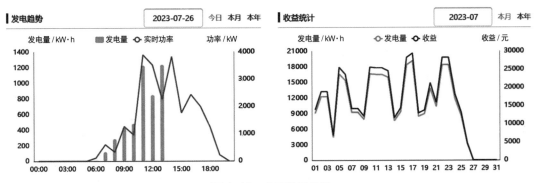

图 4-19   应用数据分析

（3）绿色能源应用数据报表

数据报表模块提供发电报表、收益报表、发电效率报表、用电报表等报表，如图 4-20 所示，支持任意时间段的查询，可将查询后的结果导出为 Excel 文件，报表数据直观完整，为建筑运维人员提供透明、详细的绿色能源应用数据。

日期	日发电量（kW·h）	日辐射累计（MJ）	天气情况	最高温度（℃）	日发电量（MW·h）	当月累计发电（MW·h）	日利用小时数（h）	上月发电量（kW·h）	上年同期发电（kW·h）	环比（%）	同比（%）
2023/7/1	301	0	小雨	34	0.3	301	0	460	0	-34.57	
2023/7/2	404	0	多云	33	0.4	705	0	624	0	12.98	
2023/7/3	404	0	多云	36	0.4	1109	0	788	0	40.74	
2023/7/4	147	0	中雨	33	0.15	1256	0	932	0	34.76	
2023/7/5	551	0	多云	34	0.55	1807	0	1073	0	68.41	
2023/7/6	512	0	小雨	35	0.51	2319	0	1630	0	42.27	
2023/7/7	307	0	小雨	34	0.31	2626	0	2187	0	20.07	
2023/7/8	307	0	晴	34	0.31	2933	0	2703	0	8.51	
2023/7/9	268	0	晴	34	0.27	3201	0	3324	0	-3.7	
2023/7/10	558	0	晴	37	0.56	3759	0	3945	0	-4.71	
2023/7/11	554	0	晴	36	0.55	4313	0	4565	0	-5.52	
2023/7/12	554	0	多云	36	0.55	4867	0	5129	0	-5.11	
2023/7/13	534	0	晴	35	0.53	5401	0	5753	0	-6.12	
2023/7/14	255	0	多云	32	0.26	5656	0	6355	0	-11	
2023/7/15	312	0	多云	32	0.31	5968	0	6610	0	-9.71	
2023/7/16	618	0	晴	35	0.62	6586	0	6682	0	-1.44	
2023/7/17	645	0	晴	35	0.65	7231	0	6754	0	7.06	
2023/7/18	281	0	阵雨	30	0.28	7512	0	6875	0	9.27	
2023/7/19	302	0	阵雨	28	0.3	7814	0	6910	0	13.08	
2023/7/20	457	0	小雨	32	0.46	8271	0	7292	0	13.43	
2023/7/21	351	0	小雨	32	0.35	8622	0	7851	0	9.82	
2023/7/22	618	0	晴	36	0.62	9240	0	8055	0	14.71	
2023/7/23	618	0	晴	37	0.62	9858	0	8623	0	14.32	
2023/7/24	394	0	晴	36	0.39	10252	0	9191	0	11.54	
2023/7/25	288	0	中雨	31	0.29	10540	0	9747	0	8.14	
2023/7/26	106	0	大雨	29	0.11	10646	0	10321	0	3.15	

图 4-20   应用数据报表

（4）绿色能源应用数据可视化

将绿色能源数据进行可视化展示，由面到点全面管理各绿色能源系统站点，提供平台绿色能源设备概况、发电量、发电效率、用电量、蓄热量、热交换效率、减碳量统计、故障告警信息、绿色能源利用收益等关键信息，如图 4-21 所示。

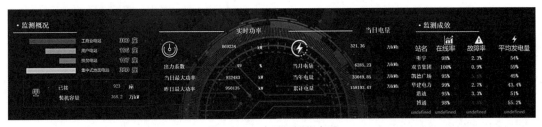

图 4-21   应用可视化大屏

应用案例

绿色能源应用系统运维情况

某建筑大厦作为 BIPV 建筑（Building Integrated PV，即光伏建筑一体化），在办公楼的屋顶或阳台上安装光伏电池板，并将其连接到建筑的电力系统。光伏电池板将太阳能转化为直流电能，并通过逆变器将其转换为交流电能供给建筑使用。通过智慧运维平台，将光伏发电系统的数据进行实时采集和监测。平台可以收集光伏发电系统的发电量、电流、电压等数据，并通过数据分析和可视化工具将其显示在用户界面上。用户可以实时查看光伏发电系统的发电情况，包括每日、每周或每月的发电量、发电效率等，如图 4-22 所示。

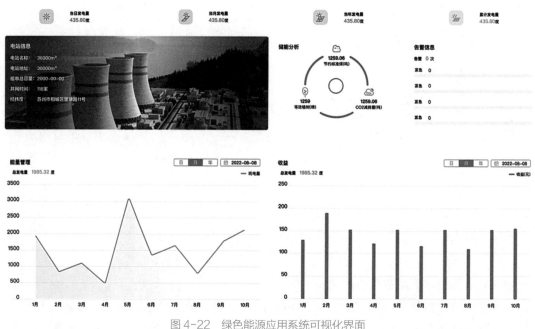

图 4-22　绿色能源应用系统可视化界面

 任务实施

绿色能源应用系统运维平台为建筑系统绿色能源的应用提供了安全可靠的保证，提高了绿色能源的利用效率。请你通过知识学习、文献查阅以及各类形式的调研，总结归纳不同行业绿色能源应用系统的特点与区别。

📱 学习小结

本任务主要介绍了绿色能源应用系统运维功能。

绿色能源的应用减少了建筑运营的成本及碳排放污染物，通过绿色能源系统智慧运维实现数据的透明化、可视化，主要运维功能包括绿色能源系统设备状态监控、绿色能源应用数据分析、绿色能源应用数据报表、绿色能源应用数据可视化等，实时掌握绿色能源的关键运维数据信息，提高能源利用效率，助力建筑的节能减排管理。

知识拓展

码 4-4　绿色能源的应用前景　　码 4-5　太阳能光伏发电的优缺点

习题与思考

1. 单选题

（1）下列不属于绿色能源的是（　　　）。

A. 太阳能　　　　　　　　　　　B. 风能

C. 煤　　　　　　　　　　　　　D. 地热能

（2）下列属于建筑绿色能源应用技术的是（　　　）。

A. 变频控制　　　　　　　　　　B. 垂直风力发电

C. 热回收　　　　　　　　　　　D. 蓄冷

2. 填空题

（1）建筑绿色能源应用技术包括_____、_____、_____、_____等。

（2）光伏发电系统一般在建筑的_____或_____安装，将太阳能直接转换成电能。

（3）绿色能源的应用可以有效降低建筑的_____和_____。

3. 简答题

（1）可再生能源主要是指哪些能源？

（2）绿色能源也可称清洁能源，其是如何定义的？

（3）绿色能源应用系统运维主要采集哪些数据进行评估分析？　码 4-6　项目 4.2 习题与思考参考答案

项目 4.3   建筑碳计算系统

教学目标

一、知识目标

1.了解建筑碳计算的内容和方法；

2.掌握建筑碳计算系统运维管理的主要内容。

二、能力目标

1.会使用平台对建筑碳计算系统进行操作；

2.会使用平台对建筑碳排放进行管理。

三、素养目标

1.培养学生责任意识，以实现碳中和为己任；

2.能积极主动进行碳达峰、碳中和宣传；能身体力行坚持绿色低碳生活方式。

学习任务

了解碳排放管理及建筑碳计算的工作内容，学习建筑碳计算系统管理运维功能，能够熟练操作运维平台，实现对建筑碳排放的管理。

建议学时

4 学时

思维导图

任务 4.3.1　建筑碳计算系统认知

 任务引入

建筑碳计算是建筑行业迈向低碳、可持续发展的重要手段，结合碳减排策略，通过计算统计、数据分析等实现碳管理目标，减少碳排放，提高建筑的环境可持续性和经济效益。

 知识与技能

1. 建筑碳排放管理

建筑全生命周期碳排放计算主要包括建材生产与运输阶段、建筑建造与拆除阶段、建筑运行阶段的碳排放量。各阶段碳排放计算范围如图 4-23 所示。

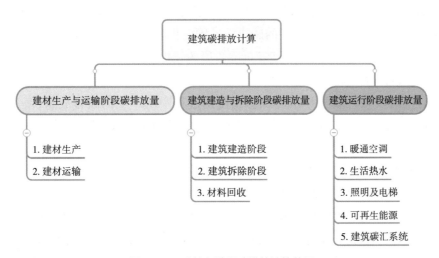

图 4-23　建筑各阶段碳排放计算范围

建筑碳排放计算管理的主要工作内容如下：

（1）确定建筑物的边界。

（2）计算建筑材料的碳排放：根据建筑材料的使用数据，计算建筑材料的碳排放量。这包括建筑材料的生产、运输等。

（3）计算建筑物的运行碳排放：根据建筑物的资源使用数据，计算建筑物的运营碳排放量。这包括建筑物的暖通空调、生活热水、照明及电梯、可再生能源、建筑碳汇系统等。

（4）综合计算建筑物的碳排放：将以上各项数据综合，计算建筑物的碳排放，得出建筑物的总碳排放量。

（5）评估建筑物的碳足迹：根据建筑物的总碳排放量，评估建筑物的碳足迹，并分析碳排放量的来源，为减少碳排放提供参考。

2. 建筑碳计算方法

（1）建材生产与运输阶段碳排放量计算

建材生产与运输碳排放量计算应包括建筑主体结构材料、建筑围护结构材料、建筑构件和部品等，参与计算的主要建筑材料的总重量不应低于建筑所耗建材总重量的95%。

建材生产阶段碳排放量应根据每种主要建材的消耗量和其碳排放因子确定。使用低价值废料和可再循环材料可以有效降低建材生产碳排放量。

建材运输阶段碳排放量应根据主要建材消耗量（t）、建材平均运输距离（km）和运输方式下的单位质量运输距离的碳排放因子 [kgCOe/（t.km）] 确定。

（2）建筑建造与拆除阶段碳排放量计算

建筑建造与拆除阶段碳排放量的计算需要考虑以下两个方面：

1）建筑施工过程中的碳排放量：建筑施工过程中各种机械设备和工具的使用，以及工人的出行和生活等都会产生一定量的碳排放，这些排放也需要计入建筑建造和拆除阶段的碳排放量中。

2）建筑拆除过程中的碳排放量：建筑拆除过程中需要使用大型机械设备和工具，这些设备和工具的使用会产生一定量的碳排放，同时拆除后的建筑垃圾处理也会产生一定量的碳排放，这些排放也需要计入建筑拆除阶段的碳排放量中。

（3）建筑运行阶段碳排放量计算

建筑运行阶段碳排放量是指建筑物在使用过程中所产生的碳排放量，包括建筑物的能源消耗（如电力、自来水、天然气等）。建筑系统运行管理中降低碳排放的措施如下：

① 减源：通过提高能效和碳效来减少碳排放。

② 增汇：保护和增加项目区域内的植被，来抵消项目的碳排放。

③ 替代：积极利用太阳能、风能及地热能等绿色可再生能源，代替石化能源。

因此，在进行建筑系统运行阶段碳计算时，不仅要对建筑内暖通空调、生活热水、照明及电梯等系统在运行期间的碳排放量进行计算，还需考虑绿色能源的应用和建筑碳汇系统的减碳量。在实际建筑系统碳计算管理中，通常会与建筑能耗监测系统对接建筑所有的能耗数据计算碳排放量，与绿色能源应用系统对接可再生能源数据计算减碳量等。

碳计算量应根据各系统不同类型能源量和不同类型能源的碳排放因子确定。对于尚未投入使用的项目，应采用建筑在标准运行工况下的预测碳排放量。对于投入使用的项目，应基于实际运行数据，得出运行阶段碳排放量相关数据。

 任务实施

在建筑运行阶段、建筑建造与拆除阶段、建材生产与运输阶段的全生命周期都会有碳排放，是由不同的材料消耗、设备工具、能源使用等产生。请你通过知识学习、文献查阅以及各类形式的调研，总结归纳建筑各阶段都有哪些材料使用或能源消耗会产生碳排放。

 学习小结

本任务主要介绍了建筑碳排放管理范围和建筑碳计算方法。

（1）建筑全生命周期碳排放是指建筑物在与其相关的各项工作中产生的温室气体排放的总和，主要包括建材生产与运输阶段、建筑建造与拆除阶段、建筑运行阶段的碳排放量。

（2）在进行建筑碳计算时，不仅要对碳排放量进行计算，还需考虑绿色能源的应用和建筑碳汇系统的减碳量，精细化碳足迹及碳排放量管理，进行建筑碳中和管理。

任务 4.3.2　建筑碳计算系统运维

 任务引入

建筑碳计算系统可以实现建筑的碳足迹管理、碳排放量统计、碳中和分析等，可以通过直观的图表、图形和报告来展示建筑的碳排放情况和减排改善效果，以便建筑运维人员更好地进行管理和决策。

 知识与技能

建筑碳计算系统运维功能

建筑碳计算系统提供了碳计算管理，可与其他建筑管理系统（能耗监测、绿色能源应用等）进行数据联动，提供全面的碳管理数据支持和决策依据。

（1）碳计算与碳足迹

建筑碳计算采用标准的碳排放计算方法和模型，评估建筑物和建筑群体的碳排放量。它考虑能源消耗、供应链排放、废弃物管理等因素，提供准确的碳排放评估结果。通过这些计算，用户可以了解建筑的碳足迹和主要排放来源。

如图 4-24 所示为按消耗能源类型进行运行使用阶段建筑碳计算的运维管理窗口。

在建筑管理某个阶段数据无法计算时，管理人员可对部分碳排放量数据通过估算录入的方式上传到平台，纳入建筑碳计算综合统计，如图 4-25 所示。

图 4-24　按消耗能源类型以总值计量碳　　　　图 4-25　碳排放量估算录入计量碳

（2）碳计算实时监测和分析

建筑碳计算提供实时监测和分析建筑碳排放的能力，如图 4-26 所示。可以追踪建筑各阶段材料或能源使用情况、碳排放趋势和关键指标，通过实时数据报告向用户展示建筑的碳排放情况。用户可以及时发现异常和问题，并采取相应的管理措施。

各阶段碳排放量计算结果		总碳排放量：43617940.14 kgCO₂e	单位建筑面积碳排放量：3598.85 kgCO₂e
阶段	碳排放量（kgCO₂e）	面积（m²）	单位建筑面积碳排放量（kgCO₂e/m²）
生产阶段	3477115.03		286.89
运输阶段	476621.89		39.33
建造阶段	32926.07	12120	2.72
拆除阶段	-643504.8		-53.09
运行阶段	40274781.94		3323
总碳排放量	43617940.14		3598.85

图 4-26　碳计算实时监测和分析

（3）碳计算数据可视化报告

建筑碳计算提供详细的数据报告和可视化图表，向用户展示建筑碳排放的结果和趋势。通过直观的图表和图形，用户可以清晰地了解建筑的碳排放情况，并进行比较和分析，如图 4-27 所示。这些报告可以用于内部决策和外部报告，如可持续性认证和环境披露。用户可以利用这些数据报告，评估碳减排措施的效果，并跟踪建筑的碳管理进展。

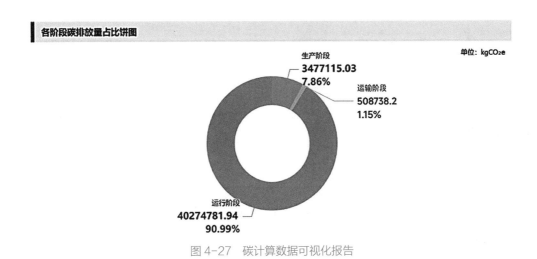

图 4-27　碳计算数据可视化报告

（4）碳排放管理和跟踪

建筑碳计算支持碳排放管理和跟踪的功能。用户可以使用平台监督和管理建筑碳排放的实施和效果，建筑系统设备碳排放量占比分析如图 4-28 所示。可以跟踪碳减排措施的实施情况，并根据平台提供的报告和指标，评估碳减排策略的效果和建筑的可持续性发展进程。建筑碳排放量、绿色能源技术应用减碳量、碳汇量等碳计算统计如图 4-29 所示。通过这种管理和跟踪机制，用户可以及时调整碳减排计划，提高碳管理的效率和效果。

图 4-28　建筑系统设备碳排放量占比

图 4-29　建筑碳计算（碳排 – 减碳 – 碳汇）统计

应用案例

建筑碳计算系统运维情况

　　某建筑大厦的建筑的碳排放按建造阶段、运行阶段、拆除阶段进行分阶段管理，如图 4-30 所示。

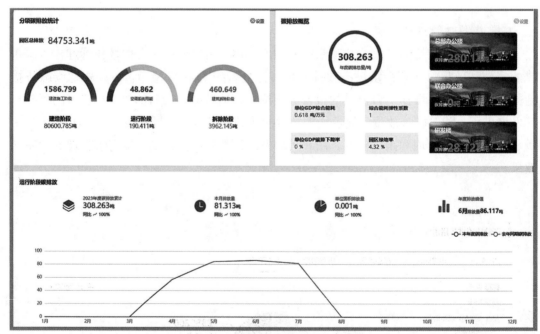

图 4-30　建筑碳计算系统碳排放统计

　　建造阶段通过施工阶段数据采集与 BIM 数据，进行碳计算后得到建造阶段的实际碳排放；运行阶段通过计量设备实时采集能源数据，并上传建筑能耗监测系统，建筑碳计算系统对接能耗监测系统获取能源数据，通过基于能源数据和相应的排放因子，计算建筑的碳排放量并进行统计分析；拆除阶段碳计算是针对建筑体量通过相应碳计算公式进行预估计算碳排量。

建筑运行阶段具备建筑绿化和绿色清洁能源使用，系统通过相应的碳计算公式，计算出建筑的减排碳因子量，最终实现建筑的碳中和统计分析，如图 4-31 所示。

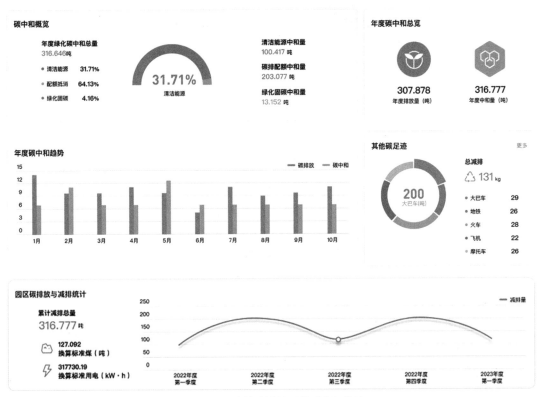

图 4-31　建筑碳计算系统碳中和统计

 任务实施

通过建筑碳计算系统的综合计算统计，可以全面了解建筑的碳足迹和主要排放来源。请你通过知识学习、文献查阅以及各类形式的调研，总结归纳在学校日常运行管理中的碳排放足迹。

 学习小结

本任务主要介绍了建筑碳计算系统运维功能。

建筑碳计算系统可直接从能耗监测、绿色能源等系统中获取基础数据源进行计算，通过建立建筑全生命周期的碳管理模块，对不同阶段资源使用、物料消耗、工具应用等进行碳计算管理，主要运维功能有碳计算与碳足迹、碳计算实时监测和分析、碳计算数据可视化报告、碳排放管理和跟踪等。

知识拓展

码 4-7 碳中和目标对建筑业的影响　　　码 4-8 中国碳中和实施路径

习题与思考

1. 单选题

（1）下列不属于建筑全生命周期碳排放计算的阶段是（　　）。

A. 建材生产与运输阶段　　　　　　B. 建筑实施设计阶段

C. 建筑建造与拆除阶段　　　　　　D. 建筑运行阶段

（2）下列属于建筑碳计算元素的是（　　）。

A. 室内温湿度　　　　　　　　　　B. 室外温湿度

C. 空气质量　　　　　　　　　　　D. 绿色能源减碳量

2. 填空题

（1）建筑全生命周期碳排放计算主要包括_____阶段、_____阶段、_____阶段。

（2）建筑系统运行管理中降低碳排放的措施有_____、_____、_____等。

（3）建筑运行使用阶段可以按_____和_____计量方式进行碳计算。

3. 简答题

（1）建筑碳排放计算管理的主要工作内容有哪些？

（2）建筑系统运行阶段碳计算需要哪些数据？

（3）建筑碳计算系统主要有哪些运维功能？

码 4-9　项目 4.3 习题与思考参考答案

其他系统运维

项目 5.1　智慧停车系统

教学目标

一、知识目标

1. 熟悉停车系统的主要设施设备；
2. 掌握智慧停车系统运维管理的主要内容与工作流程。

二、能力目标

1. 会使用平台对停车系统进行日常管理；
2. 会使用平台对停车系统进行故障排查。

三、素养目标

1. 具有良好协调能力，能够及时处理各类纠纷；
2. 能积极进行沟通，学会理解与换位思考。

学习任务

了解智慧停车系统运维管理的工作内容与流程，能够熟练操作运维平台，实现对停车系统的运行控制和维护管理。

建议学时

4 学时

思维导图

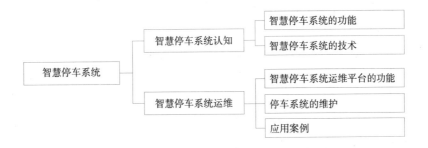

任务 5.1.1　智慧停车系统认知

任务引入

　　随着城市的发展及车辆的增多，停车压力变得越来越大，城市停车难的问题日渐凸显和日益严峻，实现停车智慧化、管理可视化和运营高效化，已经成为现代停车场管理的刚需和发展趋势。

知识与技能

1. 智慧停车系统的功能

　　传统的停车系统均放在计费、收费管理功能上，关注的是各个车辆进出的时间以便于收费，而在停车场的运行效率和针对顾客的人性化要求方面考虑得较少。智慧停车系统可以实现车辆自动识别和信息化管理，提高车辆的通行效率，并统计车辆出入数据，方便管理人员进行调度，以减轻管理人员的劳动强度，从而提高工作效率。

　　智慧停车系统集感应式智能卡技术、计算机网络、视频监控、图像识别与处理、无线通信技术、移动终端技术、GPS 定位技术、GIS 技术等综合应用及自动控制技术于一体，对停车场内的车辆进行自动化管理，包括车辆身份判断、出入控制、车牌自动识别、车位检索、车位引导、会车提醒、图像显示、车型校对、时间计算、费用收取及核查、语音对讲、自动取（收）卡等系列科学、有效操作。实现停车位资源的实时更新、查询、预订与导航服务一体化，实现停车位资源利用率的最大化、停车场利润的最大化和车主停车服务的优化。这些功能可根据用户需要和现场实际灵活删减或增加，形成不同规模与级别的豪华型、标准型、节约型停车场管理系统和车辆管制系统。

1）车辆出入管理

该停车系统利用车牌识别技术，对进出停车场、车库的车辆进行管理，包括车辆入场时间统计、出场费用结算、黑名单车牌设置等。

2）车位智能管理

该停车系统实现车位自动管理，固定车位、临时车位自动计数，无需人工管理，高效管理停车资源；可实时查看停车场剩余空车位，避免停车拥堵和混乱的现象。

3）无感支付

该停车系统支持扫码付、当面付、在线付等手机支付方式，离场系统自动发起扣款完成抬杆，从而提高通行效率，改善离场排队弊端。

4）远程智能监管

该停车系统具备强大的数据分析功能，支持远程监管，可按日、周、月汇总展示停车场车辆进出情况、临时停车数量、停车收入。还可实时分析车场出入流量，智能、有序、高效管控出入车辆。

2.智慧停车系统的技术

（1）车牌识别技术

车牌识别技术是以计算机视觉处理、数字图像处理、模式识别等技术为基础，对摄像机所拍摄的车辆图像或者视频图像进行处理分析，记录每辆车的车牌号码，从而完成识别过程的一种技术，可以完成对车辆身份的辨认。该技术的核心包括车牌定位算法、车牌字符分隔算法和光学字符识别算法等。

将车牌识别设备安装在停车场进出口，记录车辆的车牌号码、出入时间，并与自动门、闸机、栏杆机等的控制结合，就可以实现车辆的自动计时收费。

（2）RFID技术

射频识别，即RFID（Radio Frequency Identification），又称无线射频识别，是一种通信技术，可通过无线电信号识别特定目标并读写相关数据，而无需识别系统与特定目标之间建立机械或光学接触。

一套完整RFID硬件统由Reader与Transponder两部分组成，其原理为由Reader发射一特定频率的无线电波能量给Transponder，用以驱动Transponder电路将内部的ID Code送出，由Reader接收此ID Code；Transponder的优点为免电池、免接触、免刷卡（故不怕脏污），且晶片密码为世界唯一无法复制，安全性高，寿命长。

（3）车位引导技术

车位引导技术是智能停车发展相当重要的一环，它能帮助车主快速找到停车位，避免盲目驶入，消除车主找车位的烦恼，提高道路利用率、缓解道路拥堵。现在市场上主流的停车场智能车位引导系统有超声波和视频两种。

1）超声波车位引导系统

将超声波探测器安装在车位上方，利用超声波反射的特性侦测车位下方是否有车辆，从而通过系统对车辆进行引导。超声波车位引导系统适用于车流量大，车位紧张的停车场，它能帮助车主实时快速了解场内空余车位信息，从而快速停车。

2）视频车位引导系统

将摄像机安装在车位上方，由视频分析车位下方是否有车辆，从而通过系统对车辆进行引导。视频引导与找车系统适用于车流量较大的大型商业广场、机场等。

（4）反向寻车技术

由于商场、购物中心等的停车场空间大、环境及标志物类似、方向不易辨别等原因，车主返回停车场时寻找不到自己的车辆。反向寻车技术是车主进场停车后，就近选择签停机进行签停（长期用户用 IC 卡，临时用户用条形码），签停机会记录车主信息并将数据上传至服务器；车主取车时，通过在查询机或者在任意签停机上再次刷卡，系统会提示车主所在位置及其车辆所处的位置，帮助车主尽快找到车辆。反向寻车技术还可以提供手机 APP、小程序等服务帮助车主快速找到车辆。

（5）一键呼叫可视对讲系统

车辆刮擦碰撞、车位被占、各种问题导致的道闸不能开关等应急事件在停车场中时有发生。因此，一键呼叫对讲系统是停车场必备的系统，其在无人值守停车场中的作用更加重要。

点位少，距离远，服务端难以有固定人员 24 小时坚守，这是传统停车场中应用的一键呼叫对讲系统常见的问题，在无人值守停车场中此类问题尤为突出。新一代的一键呼叫可视对讲系统，不仅要解决这些问题，更通过安装摄像头与服务终端进行绑定，实现可视化管理，从很大程度上提升无人值守停车场的用户体验，实现快（服务便捷）、准（问题精准）、清（沟通清晰）、零（沟通零距离），而且还可降低停车场的综合运营成本。

（6）大数据管理结合城市停车诱导

面对城市停车供需的巨大矛盾，近年来随着大数据、5G 新技术等的不断成熟，大数据支撑下的城市停车共建、共治、共享成为解决城市级停车问题的新方向。早在 2002 年，上海就开始在主要商圈设置多级停车信息诱导屏，缓解中心区交通压力。截至目前，已在多个辖区建成了诸多区域停车诱导，形成了一套良好的停车诱导管理体系。

（7）大数据管理结合远程运维

通过智能管理平台，将客户硬件系统联网，生成大数据平台，客户可远程维护系统硬件，极大提升客户的管理效率，同时大数据平台分析车流、客流、信息流，为客户的经营决策提供数据支持，促进客户经营转型，运营增收，大数据平台业务尤其适用大型联网的集团物业管理。

（8）云平台

停车场云平台管理，打破单个停车场系统信息孤岛现状，实现多个停车场在同一平台上集中统一管理。

（9）移动支付停车费

传统停车场支付一般是以现金支付为主要手段，且是人工收费，而人工收费漏洞太大，物业管理人员不能实时知道收费情况，统计报表不及时，浪费人力物力，成本也高。在"互联网+"停车的环境下，很多停车场都通过安装智能设备，对停车场的停车流程做升级改进，引导用户线上支付。这样从一定程度上节约了停车时间，给停车场管理也带来了便捷。移动支付停车费，可以防止车主逃费，防止收费员私吞票款，避免收费过程中发生纠纷，大幅减少管理人员的数量等，支付结算对账更快，更让人放心。

 任务实施

智慧停车系统可以实现停车位资源利用率的最大化、停车场利润的最大化和车主停车服务的最优化。请你通过知识学习、文献查阅以及各类形式的调研，总结归纳智慧停车场相比传统停车场的优势，以表格形式列出。

 学习小结

本任务主要介绍了智慧停车系统的功能和采用的技术。

（1）智慧停车系统实现车辆自动识别和信息化管理，主要功能有车辆出入管理、车位智能管理、无感支付、远程智能监管等，减轻管理人员的劳动强度，综合提升停车的效率和体验。

（2）智慧停车系统集多项高科技技术综合应用及自动控制技术于一体，主要通过应用车牌识别技术、RFID技术、车位引导技术、反向寻车技术、一键呼叫可视对讲系统、移动支付停车费等实现智慧停车管理。

任务 5.1.2　智慧停车系统运维

 任务引入

智慧停车系统给停车场管理员和广大车主带来了更加便捷的服务。那么，智慧停车场是如何运作的呢？

 知识与技能

目前市面上智慧停车系统种类较多，其功能大同小异，其后台设置由厂家提供支持，作为运维方，一般情况下不对后台设置进行更改。

1. 智慧停车系统运维平台的功能

（1）停车场管理

停车场管理是对停车场基础信息进行维护，该数据通过数据同步功能，从厂家平台获取，这些数据，一般只提供查询和查看功能。常见以下几种数据，不同运维平台会根据自己的需要，选择需要的字段进行展示或使用。

1）停车场信息

停车场信息包括停车场 ID、停车场名称、总车位数、限长、限宽、限高、停车场所在经纬度、地址、电话、停车场图片、营业时间、计费规则。

2）停车场终端设备

停车场常见终端设备有主相机、辅相机、LED 网络屏、各种岗亭、缴费机、找车机等终端设备，有设备名称、设备编码、设备 IP、设备类型、设备状态、设备变更时间、停车场等字段属性。

3）停车场区域信息

停车场区域信息包括区域名称、区域编号、区域停车位数、区域剩余停车位数、停车场等字段属性。

4）通道信息

通道信息包括通道编号、通道 IP 地址、通道名称、使用类别、区域编号、停车场等字段属性。

5）车位信息

车位信息包括车位状态、车位图像、所属停车层等。

（2）车辆管理

车辆管理是对停车场内所有车辆的信息进行收集、维护和更新，通过高效的车辆信息管理和数据处理，提高停车场运营效率和客户满意度，同时保障车主和停车场的权益。

常用的固定车的卡片信息（一般一户一张卡片），通常包括名称、户主名、户主电话、房间号、车位数量、未过期数量、车牌号、审核状态、停车场等信息。其中，固定车位信息包括车位名称、车牌类型、区域名称、有效期、占用车位个数、卡内余额（分计次和充时）、收费规则等。

（3）访客授权

管理员可通过微信、H5 移动端、Web 端设置外来人员的通行权限，访客审批后，相关权限自动下发到联动的设备上。访客授权主要包括：停车场设置、访客车辆登记、访客车辆查询、进出记录等。

（4）进出记录

进出记录主要记录了车辆在停车场进出痕迹，其数据来自厂家平台，通过数据同步功能，从厂家平台获取。这些数据一般只提供查询和查看功能。常见数据有：停车场、进出场图片、车牌号、进出标志、进出场地点、进出场时间。

（5）缴费记录

缴费记录主要记录了车辆在停车场缴费明细，其数据来自厂家平台，通过数据同步功能，从厂家平台获取。这些数据一般只提供查询和查看功能。常见数据有：停车场、车牌号、进出场时间、停车市场、停车费用、支付时间、停车场订单号、实际支付金额、抵扣信息等。

（6）停车收费规则

停车收费规则记录临时车辆在停车场的收费规则。常见数据有：规则名称、免费时长、单价金额、收费限额等。

（7）黑名单管理

黑名单管理是停车场对不守规矩的车辆或车主设定的禁止出入权限的功能。常见数据有：停车场、车牌号码、原因备注、限制类型（禁入、禁出、禁止出入）等。

（8）车辆自动定位功能

视频车位检测终端在车辆停靠车位时自动检测车辆信息，并传送到多路视频处理器进行数据处理，车牌号和车辆停放信息等数据将存储在服务器上。汽车驾驶员可通过输入车牌号来找到车辆停放位置。

（9）寻车功能

如果车主通过安装在停车场入口处的寻车查询终端输入汽车牌照，则寻车查询终端将显示出车主当前所在的停车场地图，并在地图上标出车主所在位置及车辆停放的位置，根据停车场总体情况选择一条最佳取车路线（显示在该停车场地图上），从而引导车主取车。车主也可以通过小程序实现寻车功能。

（10）车位自动引导功能

汽车进入停车场后，车辆引导系统通过视频车位检测终端，自动检测车位占用或闲置状态，并将检测到的车位状况实时送至车位引导屏，引导车辆找到最佳的空闲车位。每个车位都配有车位指示灯，车位占用指示灯显示为红色，空车位显示绿色，残障人士专用车位用蓝色的指示灯表示，VIP 或预定车位用橙色灯表示。

（11）远程开闸

车辆进出停车场时，基于车牌智能识别纠正、线上缴费支付等功能，有效将停车场前端发生问题故障的概率降到最低，无须岗亭人员长期值守。同时云端坐席人员对停车场进行 24 小时实时全景监控，并远程进行运营维护管理。当遇到突发问题时，车主按下现场无人值守控制机上的呼叫按钮，可与值班人员进行可视对讲，值班人员与车主沟通并处理问题后，可远程开闸放行。

（12）结算中心

现代智慧停车场都是采取"自动缴停车费"的方式，车主可以通过手机 APP、微信、支付宝等实现线上支付、结账功能。停车场利用摄像头拍摄车牌以准确识别车辆身份，记录车辆进出场时间以准确收费，使车辆快速通过，无需停车进行人工记录。电子收费能保证停车收费透明、流向明确，不仅防止乱收停车费，还能缓解城市交通拥堵、规范停车秩序。

（13）数据分析

数据分析是运维系统平台的重要应用。通过对停车系统的数据进行分析，可以了解停车系统的运行状况、性能表现、问题状况等信息，从而制定相应的管理策略和优化方案。

通过智慧停车系统运维平台的数据分析功能，可查询通行信息、场内车辆、操作日志、设备状态和收费金额等信息并输出完整的数据报表。

运维系统平台的数据分析功能主要包括：

1）数据采集；

2）数据处理；

3）数据可视化，具体包括：实时监控、能耗分析、故障分析、历史数据分析等；

4）数据建模。

通过数据分析的应用，管理人员可以了解停车系统的运行状况、性能表现、问题状况等信息，为制定相应的管理策略和优化方案提供支持。同时，通过数据建模和预测的方式，可以提前发现潜在的问题和风险，并制定相应的预防和处理方案，从而降低停车系统的运维风险和成本，提高停车系统的效率和性能。

智慧停车系统可对停车场车辆进行疏导和对车位使用进行可视化展示，同步显示停车场车位总数，空闲车位，以提高车位利用率。

2. 停车系统的维护

（1）停车系统维护的意义

1）提高能效。通过对停车系统进行维护保养，可以保证停车系统高效运行，提高能效，降低能耗和运行成本。

2）延长使用寿命。经常维护保养可以延长停车系统的使用寿命，减少故障发生的可能性，降低维修成本。

3）提高工作效率。通过定期维护保养可以保证停车系统的正常运行，减少设备出错概率，提高工作效率。

4）提高安全性。对停车系统进行定期的检查和维护保养，可以发现和排除一些潜在的安全隐患，提高停车系统的安全性。

（2）停车系统维护保养的内容

停车场出入口设施设备示意图见图5-1。

停车场管理系统主要包括摄像头、LED显示屏、挡车闸、地埋车辆感应器、车位引导显示器、车辆自动识别装置、找车机等设备。这些设备的正常运行对于保证停车场的正常运行具有重要的作用。停车

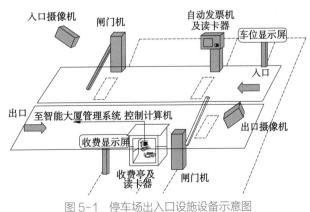

图 5-1 停车场出入口设施设备示意图

系统末端的日常保养主要包括检查、维修、更换等方面。

应用案例

智慧停车系统运维情况

通过平台实现对园区内停车场车位的管理，通过智能设备，实现自动落杆 / 停车指引 / 缴费规则自定义，结合结算平台实现园区停车收费项目自动结算，助力物业对停车场的便捷管理，以及对停车费的便捷收取。

在访客机或 APP 上录入个人信息和车辆信息，自动识别车辆信息，无阻通行。

车辆驶近出入口时，系统自动对车辆拍照进行识别，包括车牌号码、车辆颜色的识别。

在车辆通过出入口时，拍照识别系统准确拍摄车辆前端、车牌的图像，并将图像和车辆通行信息传输给出入库控制终端，可选择在图像中叠加车辆通行信息（如时间、地点等），准确记录车辆通行信息。系统将进行相关信息提示，包括语音提示、信息显示，车辆驶入、驶出时可以根据客户需要提示语音，收费金额显示，欢迎标语灯。

对于固定车辆，支持车牌识别对比正确后，信息核实有效后，即可进场和出场，无须其他操作。

临时车辆，抓拍车牌并识别，将车辆信息记录在系统中，直接放行进场；出场时，缴清费用后，快速离场。

业主通过系统配置录入黑名单车辆，拒绝通行，进一步保证园区安全。

任务实施

无人值守的智慧停车场已经成为城市停车场、车库的主流，请你通过知识学习、文献查阅以及现场调研，总结归纳智慧停车场的功能和必要设施设备，以表格形式列出。

学习小结

本任务主要介绍了智慧停车系统运维平台的功能和停车系统的维护。

（1）智慧停车系统运维平台的功能主要包括停车场管理、车辆管理、访客授权、进出记录、缴费记录、停车收费规则、黑名单管理、车辆自动定位功能、寻车功能、车位自动引导功能、远程开闸、结算中心、数据分析等。

（2）停车系统维护的设备主要包括摄像头、LED 显示屏、挡车闸、地埋车辆感应器、车位引导显示器、车辆自动识别装置、找车机等。停车系统维护可达到提高能效、延长使用寿命、提高工作效率、提高安全性的目的。

知识拓展

码 5-1 国内智慧停车发展现状　　码 5-2 物联网下的智慧停车系统

习题与思考

1. 单选题

（1）下列不属于智慧停车系统关键技术的是（　　）。

A. GPS 技术 　　　　　　　　　　B. 图像识别

C. 自动控制 　　　　　　　　　　D. BIM 技术

（2）下列不属于停车系统设备的是（　　）。

A. 比例调节阀 　　　　　　　　　B. LED 显示屏

C. 挡车闸 　　　　　　　　　　　D. 摄像头

2. 填空题

（1）智慧停车系统的功能主要包括_____、_____、_____、_____。

（2）现在市场上主流的停车场智能车位引导系统有_____和_____两种。

3. 问答题

（1）智慧停车系统应用的主要技术有哪些？

（2）智慧停车系统运维平台的功能主要有哪些？

码 5-3　项目 5.1 习题与思考参考答案

项目 5.2　智慧物业系统

 教学目标

一、知识目标

1. 熟悉智慧物业系统的主要设施设备；

2. 掌握智慧物业系统管理的主要内容与工作流程。

二、能力目标

1. 会使用平台对智慧物业系统进行日常管理；

2. 会使用平台对智慧物业系统进行故障排查。

三、素养目标

1. 具有良好服务意识，能够真诚对待每一位客户；

2. 树立以人为本、节能减排、科学运维的理念。

 学习任务

了解智慧物业系统的工作内容与流程，了解智慧物业运维平台。

 建议学时

4 学时

思维导图

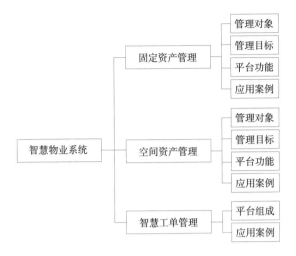

任务 5.2.1 固定资产管理

 任务引入

智慧物业固定资产管理运维平台反映建筑物各房间与设施设备、重要物资、人员的关系，对于大型设备资产，加入二维码、条形码管理功能，实现协同调度功能。

 知识与技能

1. 管理对象

固定资产是企业长期投资的一种重要资源，管理对象包括设备、工具、土地及土地上的附属物等不易变现和使用寿命较长的物品，具体见表 5-1。

固定资产管理对象　　　　　　　　　　　　　　　　　　　表 5-1

管理对象	考察点	具体指标
设备	设备是建筑运维固定资产管理的最主要对象	空调系统、电梯系统、消防系统、给水排水系统、供配电系统、监控系统等
工具	建筑运维过程中需要使用各种工具进行维修保养	电工工具、钳子、螺丝刀、管道清洗器等
土地及土地上的附属物	建筑物所占用的土地以及与其相关的一些附属物	围墙、门牌、停车位等

2. 管理目标

确保资产安全可靠：建筑运维固定资产管理应该确保资产的安全可靠。通过制定科学合理的防护措施，加强日常巡检和维护，保证建筑物、机电设备等都长期、安全、稳定地运转。

降低成本、提高效率：建筑运维固定资产管理应该通过优化资源配置和工作流程，避免因为疏忽或不当操作导致损失。另外，建筑运维固定资产管理还可以通过节约能源、延长设备使用寿命等方式来降低维修和保养成本，提高运营效率。

增强资产价值：对于建筑物和机电设备等固定资产的管理，更要注重提高资产的效益与价值。建筑运维固定资产管理应该在维护保养基础上，通过先进技术手段（如智能化监测、信息化管理等）和改造升级，增强资产的品质、功能和价值，以满足业主和用户不断增长的需求。

3. 平台功能

固定资产管理平台功能包括以下几个组成部分：

（1）资产台账

资产台账用于存储和管理所有固定资产相关的信息。

资产台账包括资产编号，资产二维码，资产分类，楼层范围，设备名称，设备编号，设备位置，设备状态，型号及规格，参数，型号品牌，厂家名称，厂家联系方式，生产厂家，供应商，供应商联系方式，生产日期，购买日期，采购费用，出厂设备编号，到货时间，安装单位，验收单位，验收时间，维护周期，使用部门，管理部门，外形尺寸，重量等。

（2）资产采购管理

资产采购管理包括采购计划、供应商选择、合同签订、采购订单管理等功能，可实现对资产采购全过程的管理、监控和协调。

采购计划：根据业务需求和预算限制，进行资产采购计划的编制。

供应商选择：通过对比不同供应商的产品质量、价格、交期等因素，选择合适的供应商。

合同签订：与供应商签订采购协议，明确双方权责，约定交货期限、支付方式等条款。

采购订单管理：即管理采购订单的生成、审核、下发、跟踪及记录日志等过程，确保及时完整地将资产交付到指定位置。

收货验收：在货物到达时进行检查、测试、验证，确保所收货物符合质量标准并满足业务要求。

（3）资产领用管理

资产领用管理用于控制资产领用流程、领用人员和数量的核实以及入库等。此模块还可以与其他部门和系统对接，实现跨部门、跨系统的无缝集成。

资产分配：管理员可以根据职工需要、工作要求等对企业资源进行适当分配，使得各部门使用的资源更加公平和合理。

领用记录：对资产领用情况进行详细记录，并保存相关信息。例如，资产名称、领取日期、使用地点、使用人员等，这些数据可用于日常监控、审计及追溯。

审核流程：对申请资产领用的人员进行审核。确定领用是否符合规定，并确保资源的安全性，以及防止企业损失。

维护管理：对资产采取科学的管养方法，设立检修周期，维护管理质量，延长资产使用寿命。

（4）资产盘点管理

资产盘点管理用于资产清单的汇总、审核、查询、验证和更新，并生成资产盘点报告，保证固定资产账面数据的真实性和准确性。

资产登记：记录固定资产的名称、规格型号、数量、购置时间等信息。

资产分类：将固定资产进行分类，方便管理和查找。

资产更新：对于年久失修或需要淘汰的资产实行及时更新，以保证资产质量。

资产维护：维护固定资产在使用过程中的正常状态，以延长其使用寿命。

资产清理：清理闲置资产，划归有需要的部门或出售回收，以节约资源。

资产处置：协助公司对固定资产进行处置或报废处理工作，以消除不必要的损失。

（5）维修保养管理

维修保养管理用于维修保养计划的编制、维修保养记录的管理、维修保养状态的查询和统计，能够实时监测设备的状况，故障报修，预测维护需求和提高设备的使用寿命。

维修保养计划：制订固定资产的维修保养计划，以确保资产始终保持良好的工作状态和运转能力。维修保养计划应当涵盖定期、预防性和故障维修保养。

维修保养记录：记录每次维修保养的时间、地点、维护内容和费用等信息，并建立维修保养档案。

故障报修管理：设立故障报修机制，及时响应并处理，保证资产在出现故障时能够得到快速有效解决。

（6）资产报废处理

资产报废处理用于资产报废时的审核、流程控制和实物清算，能够对报废原因进行分析和反馈，从而提升固定资产管理水平。

评估与定价：对于需要报废处理的建筑固定资产，需要进行评估和定价，以确定其合理的报废价格，并且在处理过程中遵循财务监管和法律法规要求，确保报废处理的公平合理。

处理流程：在报废处理之前，需要确定如何处理建筑运维所涉及的各种资产类型和数量。通常情况下，这将涉及确认报废资产的数量，记录详细信息，包括品牌型号，采购日期，使用年限等，以便于后续处理程序的实施。

（7）成本管理

成本管理用于跟踪固定资产的成本、折旧和维护费用，在日常管理中了解企业在空间资源上的实际投入和收益。

资产折旧管理：对固定资产进行折旧计算，并根据不同的折旧方法来维护资产净值。该功能还可以帮助组织制定更好的预算和规划，以提高生产力。

（8）库存管理

库存管理用于跟踪产品数量、位置、供应商以及过期日等信息。可以帮助物业随时掌握固定资产的库存状况，及时了解哪些产品需要补货、哪些产品积压在仓库里等信息，从而更好地调配和利用库存资源，降低成本。

库存数量监控：实时跟踪和更新当前库存数量，以便预测未来需求，并准确计算库存成本。

采购和销售订单管理：处理入库和出库订单以及相关的财务记录，以便准确追踪每个产品和操作的成本效益。

货物跟踪：跟踪每个批次或交货日期的货物行踪情况。这能够为客户提供追溯的保证，同时调整库存量和订单排程。

库存预警功能：提供实时库存监控，当库存积压或者不足时自动发送预警提示。

库存盘点：支持定期或不定期的库存盘点和差异分析。

供应商管理：与供应商建立联系，并将所有信息保存。记录主要供应商的资料、电话、地址等重要信息，自动按照需求下单并进行付款管理。

（9）统计分析

统计分析用于分析固定资产开支和活动的历史数据，了解资产维护和保养开支，以及设备可用性的情况。对历史数据进行分析和挖掘，提供多维度的图表展示和分析报告，能够帮助用户全面掌握资产状况和运营情况，提供实时虚拟化展现存量及增量数据，沉淀空间管理运营数据，对数据和策略进行迭代优化，可视化查看资产和资源分布状况。

 应用案例

固定资产管理系统运维情况

某建筑大厦的智慧建筑运维平台具有资产台账、二维码资产盘点功能，记录资产出入库情况，库存数量低于一定数量时预警，便于管理人员准确掌握自身资产拥有情况，实现建筑全生命周期的管理。

固定资产管理–电脑端见图5-2，固定资产管理–手机端见图5-3。

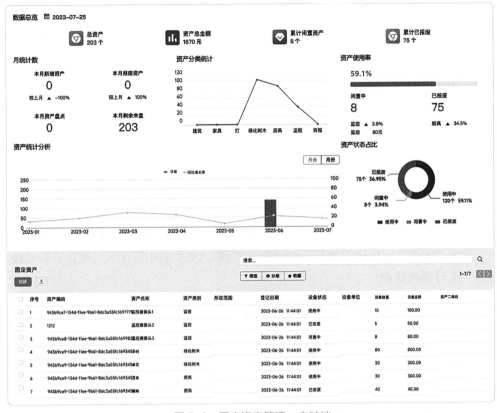

图 5-2　固定资产管理 – 电脑端

图 5-3　固定资产管理 – 手机端

 任务实施

固定资产管理可以确保资产安全可靠，实现资产增值。请你通过知识学习、文献查阅以及各类形式的调研，总结归纳固定资产管理的管理对象、管理目标以及固定资产管理平台的功能。

 学习小结

本任务主要介绍了固定资产管理对象、管理目标和平台功能。

（1）固定资产管理对象包括设备、工具、土地及土地上的附属物等不易变现和使用寿命较长的物品，通过对固定资产的信息化科学管理，确保资产安全可靠、降低成本、提高效率、增强资产价值。

（2）固定资产管理平台的应用，不仅保证资产

163

的安全，还可以通过优化资源配置等降低成本、提高效率，主要管理功能包括资产台账、资产采购管理、资产领用管理、资产盘点管理、维修保养管理、资产报废处理、成本管理、库存管理、统计分析等。

任务 5.2.2　空间资产管理

 任务引入

智慧物业空间资产管理平台是一个强大的工具，可帮助企业高效管理和优化其空间资源。通过 GIS 技术实现建筑物位置的可视化管理，通过 BIM 等技术实现建筑物 – 楼层 – 房间的三维可视化管理。

 知识与技能

1. 管理对象

空间资产从建筑设计开始就有，管理对象包括建筑物、用地、房间和公共区域、构件等，在建筑运维阶段还会涉及空间租赁情况，具体见表 5-2。

空间资产管理对象　　　　　　　　　　　　　　　　　　表 5-2

管理对象	考察点	具体指标
建筑物	建筑物的建筑性质	住宅楼、写字楼、商场、医院、学校等
	以三维可视化方式呈现建筑物空间地理信息、建筑结构	坐标、地形、交通路网、周边配套建筑、地区出入口、楼栋楼层分布等
用地	用地基础数据	总建筑面积、占地面积
	以三维可视化方式呈现用地性质划分	土地、公共区域、绿地、停车场等
房间和公共区域	以三维可视化方式呈现房间划分情况	会议室、工位、教室、机房、设备房等
	以三维可视化方式呈现公共区域划分情况	走道、电梯间、垃圾堆放区、停车位等
	统一维护管理信息	定期清洁卫生、维修保养、安全检查
构件	以三维可视化方式呈现构件位置信息	设备、电器以及管道、装置、墙面、地面、天花板、灯具、门窗等

续表

管理对象	考察点	具体指标
空间租赁	租赁合同信息	租期、租金、维护费用等
	客户信息	个人租赁/企业租赁、联系方式等

2. 管理目标

建筑空间资产管理的目标就是维护管理对象的正常使用功能，提高建筑物的使用效率，保证建筑物内部环境质量，延长建筑物使用寿命等，实现资产价值最大化和长期稳定运营。

3. 平台功能

空间资产管理平台功能包括以下几个组成部分：

（1）资产信息管理

对空间资产进行全面、系统的信息化管理，包括资产基本信息、位置信息、使用记录、租赁情况等数据的采集、存储、查询和分析。该模块通常也支持自定义字段配置，以满足特定用户的需求。

（2）空间三维可视化

使用三维可视化技术进行空间资产管理，更接近于现实中真实的建筑结构、房间布局和设备设施，可以让用户看到系统整体，还能观测局部细节数据，兼顾整体与细节。在电脑、手机等设备上，图像能够从多个视角交互查看，提供丰富的人机交互手段，便于操作。可以结合现实场景生成数据可视化图表，并加入查询、分析功能，在三维可视化技术搭建的空间资产管理平台上，管理端和维修端通过远程就能了解场景要素及环境，方便高效管理空间资源。

（3）空间租赁管理

空间租赁管理可以对各种类型的空间进行管理，以便将其分配给不同的客户。通过有效的租赁管理，可以提高收入，确保客户按时支付租金，避免拖欠租金和欺诈行为。

客户管理：记录客户信息，包括联系方式、租期等。

空间租赁管理：记录已租出的空间信息，包括位置、大小、价格等。

收费标准：为参与空间共享和服务的客户提供合理和公正的收费标准，支持按时间、面积、人数、设备等不同维度制定计费方式，并能够提供收据和发票。

合同管理：维护租赁合同，包括起始与结束日期，条款协议等。

费用报告：该功能提供了有关空间资产使用情况的详细信息，例如每种资源的数量和使用率。此外，它还能提供相应的费用报告，让用户清楚地了解费用是如何产生的。

费用控制：该功能允许用户设置预算和限制，以确保不会超出预算或使用过量资源而导致额外费用。用户可以根据需要设置警报和通知来跟踪其使用情况，在必要时及时采取行动，以避免产生不必要的费用。

账单管理：该功能提供有关用户的账单信息，使用户可以了解自己的费用情况。用户可以定期收到账单并根据需要进行支付。此外，该功能还为用户提供了灵活的付款方式和周期，以便根据自己的财务情况进行选择。

（4）空间预订和规划

支持用户预订会议室、工位、教室等，帮助用户最大化使用空间资源，并确定哪些区域需要进一步扩展或裁减。

预订管理：用户可以通过系统进行在线预订所需的建筑空间，而预订管理子系统可以帮助管理这些预订请求（包括审核、接受或拒绝）。

空间管理：此功能用于分类、标记和衡量建筑空间。管理员可以使用此功能跟踪每个建筑空间的可用性以及每个空间内可举办的活动类型清单。

规划管理：此功能更科学地进行空间的规划与使用，以适应大中小型会议、工作空间、独家场地占用等情况。

活动日历：活动日程或行事历是指为每个预订的房间或资源创建一个时间表，确保没有重复预定以及活动在时间轴上的框架内举行。

（5）数据分析和报告

对空间资产的使用情况、客户租赁历史、收益报告等进行统计分析，用户可以查看每种资源的使用情况、费用规律以及预测未来的使用需求等，从而优化其使用方案并实现更高效率的管理模式。

分析预订数据可以揭示哪种类型的建筑空间最受欢迎，哪些部门或小组使用最多，以及不同期间的历史占用率，从而更好地管理空间和资源以及做出更明智的商业决策。

 应用案例

空间资产管理系统运维情况

某建筑大厦利用信息化和 BIM 技术，实现大厦 – 楼栋 – 楼层 – 房间 – 构件的空间资产三维可视化，帮助园区管理人员进行资产信息管理、空间租赁管理，辅助空间预订和规划。

相关空间资产管理见图 5-4~ 图 5-8。其中信息管理见图 5-4，企业信息管理见图 5-5，房间信息管理见图 5-6，楼层模型见图 5-7，机电模型见图 5-8。

图 5-4 空间资产管理—信息管理

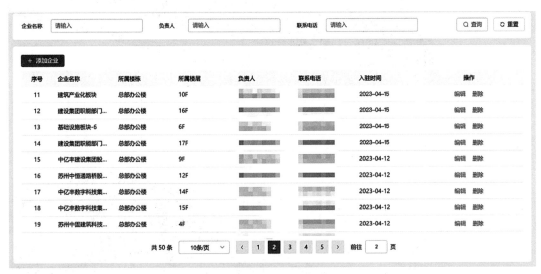

图 5-5 空间资产管理—企业信息管理

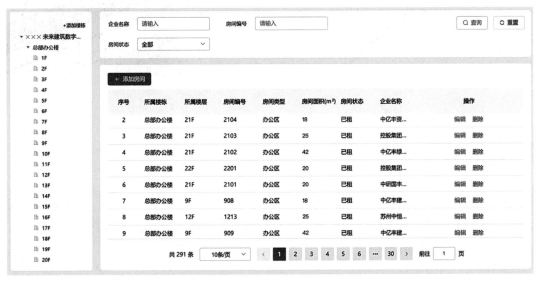

图 5-6 空间资产管理—房间信息管理

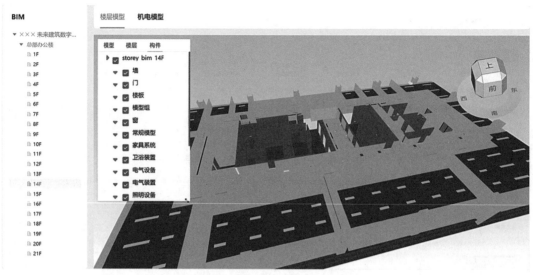

图 5-7　空间资产管理—楼层模型

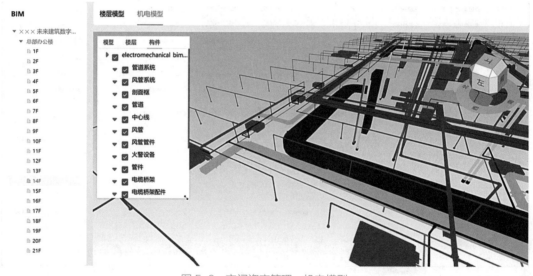

图 5-8　空间资产管理—机电模型

任务实施

　　空间资产管理可以提高建筑物的使用效率，延长建筑物的使用寿命。请你通过知识学习、文献查阅以及各类形式的调研，总结归纳空间资产管理的管理对象、管理目标以及空间资产管理平台的功能。

学习小结

本任务主要介绍了空间资产管理对象、目标和平台功能。

（1）空间资产管理对象包括管理对象包括建筑物、用地、房间和公共区域、构件等，在建筑运维阶段还会涉及空间租赁情况。通过对空间资产的信息化科学管理，实现资产价值最大化和长期稳定运营的目标。

（2）空间资产管理平台的应用提高了建筑物的使用效率和使用寿命，主要管理功能包括资产信息管理、空间三维可视化、空间租赁管理、空间预订和规划、数据分析和报告等。

任务 5.2.3 智慧工单管理

 任务引入

建筑运维物业智慧工单管理平台记录工单信息，包括工单的发起、受理、处理、完成、变更等全生命周期的管理。工单流程过程全部透明化，工单解决进程清晰可见，可以对工单进行有效的跟踪和管理。对于物业服务人员来说，通过工单管理的数据，可以及时发现和改正物业管理与服务过程中存在的问题，减少物业服务过程中出现的错误与问题。

 知识与技能

平台组成

智慧工单管理平台包括以下几个组成部分：

（1）多平台支持

支持业主在 APP、小程序以及微信公众号等方式发起报修工单；支持物业服务人员在 PC 端、移动端、微信公众号进行工单管理。

智慧工单管理平台支持企业内部的移动协作和通信，员工可以随时随地通过手机或其他移动设备查询、执行工作任务，也可以即时收到下级工单的执行结果，从而提高员工工作效率和内部协作效率。

（2）工单模板自定义

传统的工单管理中，工单发起没有固定模板，工单记录无标准数据。智慧物业的工单管理可由物业管理员对模板进行自定义，工单记录完成标准化数据记录。做到各环节预警提醒，按需设定频次、提醒对象，帮助物业企业形成标准化的工单服务流程。

（3）工单发起

工单的发起有用户直接创建、系统告警自动生成或者到达巡检周期、年检周期等保养计划时系统自动生成几种方式，工单类型具体见表5-3。

工单类型 表5-3

工单类型	说明
维修工单	当建筑内的设备或者构件存在故障或可疑问题时，维修工单用来描述需要进行何种修复或更换工作以解决这类问题
保养工单	为了长期保持建筑结构、装置或设备的良好表现状态，定期性或预防性的维修是非常重要的。因此保养工单主要是为了对各种建筑设备设施进行保养和维护

物业服务人员和业主都可以在特定平台创建新的工单，并填写工单的基本信息，如标题、优先级、描述、截止时间等，具体见表5-4。

用户创建工单字段 表5-4

创建内容	说明
标题	简要说明此工单的主题和问题
描述	详细描述工单中的问题或者需求。尽可能提供详细的信息，以便处理人员能够准确理解您遇到的问题
时间和地点	提供发现问题的时间和地点，方便快速定位
优先级	定义此工单所包含任务的紧急程度和重要性，如高、中、低等级
分类	将工单列为合适的类型，例如维修工单、保养工单等，以便相关人员能及时了解工单内容
负责人	指定处理此工单的负责人姓名或工作组
截止日期	指明此工单要求完成时间或期限
相关附件	可以在工单中添加必要的文件或截图，以便处理人员更好地理解问题
其他相关信息	比如是否需要回复确认或工单移交等

（4）工单审核

服务台对接收到的工单信息进行审核，审核通过进行分配，审核未通过进行反馈。

（5）工单指派

智慧工单管理平台能够支持工单的自动分配、处理等工作流程。平台可根据预设好的规则引擎，按照业务流程规划和任务分配自动匹配执行人员；同时也支持管理员将工单手动分配给指定维修人员，并设置相应的处理时限。

（6）工单驳回

若发生不匹配的工单维修情况，维修人员可针对该工单进行驳回操作，服务台可以重新对此工单进行分配。

（7）工单跟踪

智慧工单管理平台不仅可以数字化企业的工作流程，还有实时跟踪工单进展的功能。用户和管理员可以随时查看工单状态、处理进度等信息。物业管理员可以方便地了解所有维修人员的工作进展情况，保证每个工单的完成质量，以及及时解决存在的问题，提高工作效率。

（8）工单评价

发起者在工单完成的情况下对工单进行评价、评分。

（9）工单统计

智慧工单系统能实时收集、分析和呈现使用数据，可以从工单的类型、时间、员工、评价以及工作进展情况等不同维度对工单进行统计分析，从而为物业提供预测数据。利用这些数据，物业可以进行预算和计划制订，进而合理规划业务流程和资源优化，实现科学化经营管理，从而提升市场竞争力。

（10）消息通知

系统应该支持消息通知功能，及时把工单的最新进展传递给相关人员。

（11）报表导出

支持将工单数据导出为 Excel 表格的形式，以方便用户统计分析。

（12）审核流程

平台应该支持审核流程，确保所有工单都经过审批合规后再进行处理。

（13）记录日志

平台需要记录每一张工单的进展情况，以备日后查询或纠纷处理。

（14）数据安全

智慧工单系统支持合规安全管理，严格把控内部数据的隐私和安全性，有保障地将工作进行下去，并将数据及时推送，使客户能够更加放心。

（15）在线文档

平台内置运维手册、技术文献等供使用者随时查询和阅读。

 应用案例

智慧工单管理系统运维情况

利用信息化和 BIM 技术，智慧物业工单管理平台可以对工单信息进行记录和管理，实现从工单的发起、受理、处理、完成、变更等全生命周期的管理，帮助园区管理人员及时发现和改正物业管理中存在的问题，有效提升服务质量和管理效率。

工单管理—电脑端见图 5-9。

工单管理—移动端见图 5-10。

图 5-9　工单管理—电脑端

图 5-10　工单管理—移动端

 任务实施

　　智慧工单管理，让工单流程全透明化，可以提升物业管理的工作效率。请你通过知识学习、文献查阅以及各类形式的调研，总结归纳智慧工单管理的优越性。

 学习小结

　　本任务主要介绍了智慧工单管理平台的功能。

　　智慧工单管理平台的应用，实现工单全生命周期的科学管理，主要管理功能包括多平台支持、工单模板自定义、工单发起、工单审核、工单指派、工单驳回、工单跟踪、工单评价、工单统计、消息通知、报表导出、审核流程、记录日志、数据安全、在线文档等。

知识拓展

码 5-4　智慧物业管理　　　码 5-5　智慧社区物业管理系统

习题与思考

1. 单选题

（1）下列不属于固定资产的是（　　）。

A. 土地　　　　　　　　　　　B. 机器设备

C. 土地使用权　　　　　　　　D. 房屋

（2）下列属于空间资产管理平台功能的是（　　）。

A. 空间三维可视化　　　　　　B. 维修保养管理

C. 资产采购管理　　　　　　　D. 库存管理

2. 填空题

（1）固定资产管理对象主要包括_____、_____、_____等不易变现和使用寿命较长的物品。

（2）空间资产的管理对象包括_____、_____、_____、_____等，在建筑运维阶段还会涉及空间租赁情况。

3. 问答题

（1）固定资产管理平台的功能主要有哪些?

（2）空间资产管理平台的功能主要有哪些?

码 5-6　项目 5.2 习题与思考参考答案

附录 学习任务单

	任务名称		
	学生姓名		学号
	同组成员		
	负责任务		
	完成日期		完成效果
	教师评价		

自学简述 （课前预习）	
任务实施 （完成步骤）	
问题解决 （成果描述）	

学习反思	不足之处	
	课后学习	

过程评价	团队合作 （20分）	课前学习 （10分）	时间观念 （10分）	实施方法 （20分）	知识技能 （20分）	成果质量 （20分）	总分 （100分）

参考文献

[1]　汪明.建筑运维智慧管控平台设计与实现[M].北京：北京大学出版社，2022.

[2]　张徐.智慧楼宇实践[M].北京：人民邮电出版社，2020.

[3]　刘昌明.建筑供配电与照明技术[M].北京：中国建筑工业出版社，2023.

[4]　李亚峰.建筑设备工程[M].2版.北京：机械工业出版社，2023.

[5]　邵小云.智慧物业建设与物业数字管理[M].北京：化学工业出版社，2021.

[6]　肖雄伟.智慧停车系统的研究与实现[D].镇江：江苏大学，2022.

[7]　程瑶.基于物联网的停车场管理系统设计与研究[D].淮南：安徽理工大学，2020.

图书在版编目（CIP）数据

　　智慧建筑运维技术与应用 / 江苏省建设教育协会组
织编写；张娅玲，孙健主编；高宇，钱丹丹，林波副主
编 . — 北京：中国建筑工业出版社，2024.2
　　高等职业教育智能建造类专业"十四五"系列教材
　　住房和城乡建设领域"十四五"智能建造技术培训教材
　　ISBN 978-7-112-29471-8

　　Ⅰ.①智… Ⅱ.①江… ②张… ③孙… ④高… ⑤钱
… ⑥林… Ⅲ.①智能化建筑—高等职业教育—教材
Ⅳ.① TU18

　　中国国家版本馆 CIP 数据核字（2023）第 248872 号

　　本书包括智慧建筑运维概述、建筑设备系统运维、建筑安消系统运维、建筑能源系统运维、其他系统运维共 5 个
模块。各模块设置若干个项目，并以任务为驱动，每个任务都包括"任务引入、知识与技能、任务实施、学习小结"
等内容，每个项目都配备了习题与思考。

　　本书知识体系完整，内容精炼且通俗易懂，案例真实丰富，作为教材使用时，应将教学重点放在智慧建筑运维平
台的使用部分，帮助学生掌握智慧运维技术及其实际应用。本书适合作为高等职业院校智能建造、物业管理、建筑设
备等专业的教学用书，也可作为相关从业人员的培训用书。

　　为了更好地支持相应课程的教学，我们向采用本书作为教材的教师提供课件，有需要者可与出版社联系。建工书
院：http: //edu.cabplink.com，邮箱：jckj@cabp.com.cn，电话：（010）58337285。

策划编辑：高延伟
责任编辑：聂　伟　杨　虹
责任校对：芦欣甜

　　　高等职业教育智能建造类专业"十四五"系列教材
　　　住房和城乡建设领域"十四五"智能建造技术培训教材
　　智慧建筑运维技术与应用
　　组织编写　江苏省建设教育协会
　　主　编　张娅玲　孙　健
　　副主编　高　宇　钱丹丹　林　波
　　主　审　鲍东杰
　　　　　　＊
　　中国建筑工业出版社出版、发行（北京海淀三里河路 9 号）
　　各地新华书店、建筑书店经销
　　北京雅盈中佳图文设计公司制版
　　北京市密东印刷有限公司印刷
　　　　　　＊
　　开本：787 毫米 × 1092 毫米　1/16　印张：$11\frac{3}{4}$　字数：264 千字
　　2024 年 3 月第一版　2024 年 3 月第一次印刷
　　定价：42.00 元（附数字资源及赠教师课件）
　　ISBN 978-7-112-29471-8
　　　　（42183）